大型光伏电站直流升压汇集接入技术丛书

四川出版发展公益基金会
资助项目

四川省2021—2022年度重点图书出版规划项目

大型光伏电站直流升压汇集接入关键技术与设备研制

李胜男　徐　志　邢　超　王一波◎著
毕天姝　何　鑫　向　川

西南交通大学出版社
·成　都·

图书在版编目（ＣＩＰ）数据

大型光伏电站直流升压汇集接入关键技术与设备研制 /
李胜男等著. -- 成都：西南交通大学出版社，2023.12
ISBN 978-7-5643-9653-4

Ⅰ. ①大⋯ Ⅱ. ①李⋯ Ⅲ. ①光伏电站－研究 Ⅳ.
①TM615

中国国家版本馆 CIP 数据核字（2023）第 250279 号

Daxing Guangfu Dianzhan Zhiliu Shengya Huiji Jieru Guanjian Jishu yu Shebei Yanzhi
大型光伏电站直流升压汇集接入关键技术与设备研制

| 李胜男 徐 志 邢 超 王一波 | | 责任编辑／李芳芳 |
| 毕天姝 何 鑫 向 川 | ／著 | 封面设计／吴 兵 |

西南交通大学出版社出版发行

（四川省成都市金牛区二环路北一段 111 号西南交通大学创新大厦 21 楼　610031）
营销部电话：028-87600564　　028-87600533
网址：http://www.xnjdcbs.com
印刷：四川煤田地质制图印务有限责任公司

成品尺寸　185 mm×240 mm
印张　16.75　字数　322 千
版次　2023 年 12 月第 1 版　　印次　2023 年 12 月第 1 次

书号　ISBN 978-7-5643-9653-4
定价　188.00 元

前　言

　　为应对气候变化，减少碳排放，全世界逐步限制化石能源使用。可再生能源发电每年的增长速度远超煤炭、石油等非可再生能源发电的增长速度，是发展速度最快的能源之一。太阳能是人类取之不尽、用之不竭的可再生能源，光伏发电已成为太阳能利用最成熟、应用最广泛的技术之一，具有清洁、可再生、安全、无噪声、应用灵活等特点，是典型的绿色电力，可产生显著的环保和经济效益。随着我国光伏发电应用规模不断扩大、技术持续进步、成本加速下降，光伏发电已成为新增电源投资的主力军。大力发展光伏发电，是践行"碳达峰、碳中和"目标，构建新型电力系统，实现能源绿色低碳转型的重要途径。

　　云南地处低纬高原，空气稀薄、清新，大气层密度小，阳光透过率高，太阳总辐射资源量每年为 1 440 kWh/m²，倾斜面太阳总辐射资源量每年为 1 555 kWh/m²，测算太阳能发电潜力为 2 400 亿千瓦时/年。全省太阳能资源地区分布特点是西多东少，楚雄州、大理州、丽江市、红河州中北部、德宏州、保山市等地的太阳辐射量每年在 5 800 MJ/m² 以上。全省太阳能资源季节分布特点是 11 月~4 月的日照时数最多、太阳总辐射量大。初步排查，经济可开发利用光伏资源储量约 3 000 万千瓦。

　　光伏发电普遍采用交流升压汇集接入中高压电网，即单级式光伏并网，这种交流汇集系统容抗、感抗极大，谐波谐振、无功传输问题突出。直流升压汇集并网，是把光伏阵列输出的低压直流电升压到高压，在直流侧汇集后经逆变器接入中高压电网，控制目标分散，控制策略相对简单，方便实现直流电压等级匹配和光伏发电的最大功率点跟踪（MPPT）以及有功无功解耦控制，可减小谐波，改善电能质量。该方案设计灵活，便于接入储能设备和通过高压直流送出。因此，采用直流汇集接入电网是未来大势所趋。

2016 年，国家重点研发计划"智能电网技术与装备"重点专项"大型光伏电站直流升压汇集接入关键技术及设备研制"项目开始实施，在云南三峡干塘子光伏电站成功示范了 ±30 kV/5 MW 光伏直流升压技术。光伏直流升压汇集接入与柔性直流输电技术类似，但需要关注的内容有所不同。首先，光伏电源的随机波动性远大于柔性直流输电目前主要输送的风电或者其他常规电源，其对交流无功电压、有功频率和谐波的影响，以及相应的处理措施在系统接入时都需要进行分析计算。其次，光伏直流升压系统要接入较多的 DC/DC 升压变流器，使直流场结构变得复杂，需要综合考虑直流电压的选择、光伏组件和 DC/DC 变流器的配合、MPPT 控制策略合理分配以及工程成本问题。本书就是在上述背景下，对光伏直流升压所涉及的原理、技术和工程的全面总结，希望对读者有所帮助。

本书第 1 章介绍了常规光伏发电和逆变器的工作原理；第 2 章详细讲述了 ±30 kV DC/DC 直流升压变换设备的结构、模块研制、集中型拓扑和串联型拓扑结构变流器研制；第 3 章介绍了 MMC 结构的 DC/AC 柔性换流器，在柔性换流器的基础上，介绍了 MMC 换流器系统级的控制和设计；第 4 章针对直流升压系统的协调控制和保护配置进行了讨论，包括系统的软启动、停机、协调控制方法、故障特征和保护方案等。

本书属于新能源并网新技术工程设计和应用的指导书籍，系统地阐述了大型光伏电站直流升压汇集接入关键技术及设备研制，对大容量海上风电等大规模新能源的电力输送起到示例效果。本书适合电力系统新能源规划设计建设、调度运行人员阅读，也适合相关专业的科研从业者参考，为其开展类似工作提供了真实的借鉴依据，具有实际指导作用。

作　者

2023 年 5 月

目 录

第 1 章

并网光伏发电原理和逆变器

本章介绍光伏发电的历史和现状，以及光伏发电系统的基本概念，包括光伏发电的基本原理、发电系统的结构、光伏逆变器的功能及类型、并网光伏发电系统的数学模型和控制策略。

1.1　光伏发电的历史和现状

1.1.1　国内光伏发电发展概况

我国光伏发电发展主要经历了初期发展、产业化发展和规模化发展三个阶段。

（1）初期发展阶段（1978—2005 年）：国家对光伏应用示范项目给予支持，使光伏系统在工业和农村应用中得到发展，如小型户用系统和村落供电系统等。2000 年以后，国家先后启动"西部省区无电乡通电计划""光明工程"等项目，使光伏发电系统在解决西部边远无电地区农牧民生活用电问题上发挥了积极作用。据统计，截至 2005 年年底，我国光伏发电累计装机达 70 MW。

（2）产业化发展阶段（2006—2012 年）：2006 年，我国《可再生能源法》正式颁布实施，开始逐步建立有利于光伏发电产业健康发展的、相对完整的政策环境。2009 年起，我国实施"金太阳"示范工程和"光电建筑应用示范项目"。2009 年和 2010 年，我国先后启动了两轮光伏特许权招标项目，有效推动了光伏发电项目开发建设运营、产品研发制造的发展。到 2012 年年底，全国累计光伏发电并网容量 6.5 GW，光伏发电已具备加快发展的条件。

（3）规模化发展阶段（2013 年至今）：为壮大国内光伏市场，2013 年，国务院发布《关于促进光伏产业健康发展的若干意见》，各部委和地方政府积极出台支持和规范光伏行业发展的政策性文件。在一系列利好政策的推动下，我国光伏发电市场规模快速扩大。截至 2020 年年底，全国光伏发电累计装机容量 2.53 亿千瓦，其中集中式光伏电站 17 470 万千瓦，分布式光伏电站 7 819 万千瓦。2021 年，光伏发电新增装机创历史新高，全国新增装机 5 488 万千瓦，同比增幅达到 17.2%。除户用分布式光伏外，大部分新增装机为平价项目，连续 9 年居世界首位，截至 2021 年年底，累计装机达到 30 599 万千瓦，连续 7 年稳居全球首位。中国是太阳能装机无可争议的领导者，也是太阳能产业的领头羊，占全球产能的 35% 以上。更重要的是，中国太阳能装机增长没有放缓的迹象，76% 的国土光照充沛，全年辐射总量为 917 ~ 2 333 kWh/m²，理论总储量为 147×10^8 GWh/a，光能资源分布较为均匀，资源优势得天独厚，为实现碳中和目标还会再增加 400 GW 装机，光伏发电应用前景十分广阔。

1.1.2 国际光伏发电发展概况

全球光伏产业一直处于迅速发展的态势。1996 年到 2006 年的这 10 年中，太阳能电池及组件生产的年平均增长率达 33%。随着技术的发展，并网发电在光伏市场中的份额逐渐开始增加并慢慢占据主导地位，并网光伏系统在太阳能发电中的比例不断增加，光伏发电已经开始逐渐从偏远地区的特殊用电向城市的生活用电过渡。21 世纪以来，全球太阳能光伏并网发电年度并网容量增长 44.1 倍，从 2000 年的 187 MW 递增至 2010 年接近 30 GW。而 2010 年到 2021 年，全球累计新增光伏装机达到 947 GW。在欧洲，2010 年左右，欧盟安装的太阳能光伏容量达到 3 GW，2020 年太阳能电池组件的年产量已达到 54 GW。截至 2021 年年底，欧洲累计光伏装机为 164.9 GW，新增 26 GW 光伏发电，2022 年新增 13 GW，比 2021 年增长 50%。在世界各国中，日本由于资源紧缺，很早便重视发展光伏发电，并且在 1999 年起太阳电池组件的生产就超过了美国而居世界第一位。自 2016 年以来，日本年光伏装机量稳定在每年 7~8 GW 的增长量，2018—2020 年间，日本光伏装机量稳定在 13%左右。日本在"面向 2030 光伏路线图的概述"中还明确指出，到 2030 年，全国累计安装太阳能电池组件容量要达到 100 GW。在美国，1999 年前，其太阳能光伏研究发展一直处于世界第一，但随后因种种原因渐渐落后于日本、欧洲。2004 年 9 月，美国提出了"我们太阳电力的未来：2030 及更久远的美国光伏工业线路图"，明确要恢复美国在光伏领域上领先地位的目标，政府增加科研投入。在过去十年中，美国的太阳能年均增长率达到了 42%，2022 年上半年的光伏新增装机量达到 8.5 GW，总装机容量达到 130.9 GW。

2021 年，风力、光伏发电在全球发电总量中的占比首次突破 1/10，达到 10.3%，创下新的纪录，同时，非化石能源发电量占全球总发电量的比例也已超过煤电，达到 38%。2022 年 3 月底，全球累计光伏装机总量已经成功跨越 1 太瓦（TW）大关，光伏正式进入太瓦级"T"时代。到 2025 年，全球太阳能装机容量将翻一番，至 2030 年将翻两番，达到 3 TW，全球太阳能发电量或会从 2019 年的 190 TWh 增长 30 倍，达到 2050 年的 22 000 TWh。

全世界光伏技术的飞速发展，具体表现在以下几个方面：① 累计安装太阳能电池组件容量增加；② 太阳能电池组件的价格不断降低；③ 太阳能电池组件的寿命不断增长；④ 硅材料的消耗降低；⑤ 屋顶并网光伏系统增多；⑥ 发电成本降低，电价降低；⑦ 大型光伏电站越来越多。

1.2　光伏发电物理基础和运行原理

并网光伏发电系统通常由光伏阵列、并网逆变器与电网三部分组成。其中，光伏阵列实现太阳能与直流电的转换，光伏阵列由光伏组件按照并网逆变器输入电压以串联或并联的形式连接而成。并网逆变器作为并网光伏发电系统的能量转换与控制的核心，通过对电网并网点状态的实时监测，实现逆变器与电网的协调工作，将光伏阵列所输出的直流电转换为符合电网并网要求的交流电。

1.2.1　光伏电池 PN 结的形成

在纯净材料（如本征半导体）中，无时无刻不在因物质的热运动产生新的电子-空穴对，同时也产生电子和空穴的复合。在热平衡的条件下，材料中电子-空穴对的数量保持恒定。当材料吸收光能时，就会产生新的电子-空穴对，从而打破热平衡状态。这些新的电子-空穴对将维持一段时间，称为盈余载流子生命周期。光的吸收无论产生多少电子和空穴，这些载流子的主要运动形式仍然是随机的热运动，并不能定向移动而产生电流和电压。为了实现光能转化为电能，必须找到能使电子和空穴定向移动的机制，而这一机制就是半导体的 PN 结。

在纯净的本征硅晶体中，4 价的硅原子之间通过 4 个共价键连接形成晶体结构，因吸收光能激发而产生的自由电子与空穴的数目相等，如果在硅晶体中掺入杂质元素，将形成杂质半导体而具有新的特性。当掺入磷、砷或锑等 5 价元素，元素的 5 个价电子中的 4 个将与周围的硅原子形成共价键，剩余的第 5 个电子易脱离原子核形成自由电子，这将导致材料中自由电子的数量超过空穴而成为主要的载流子（多子），形成 N 型半导体；如果掺入的是硼、铝或镓等 3 价元素，这些元素原子的 3 个价电子将与周围的硅原子形成共价键，缺少的一个共价键很容易捕捉自由电子而形成负离子，使得材料中空穴数量超过自由电子而成为多子，形成 P 型半导体。

将两种半导体对接时，N 型半导体中的电子向 P 型半导体扩散并与空穴复合；P 型半导体中的空穴向 N 型半导体扩散而与电子复合，这种双向扩散使得界面两侧主载流子浓度下降，形成由不能移动的带电离子构成的空间电荷区，N 区一侧出现正离子区，P 区一侧出现负离子区，空间上形成一个由 N 区指向 P 区的内电场；两侧扩散不断进行使得空间电荷区加宽，内电场增强导致阻碍 PN 结内带电离子的扩散，最终达到一个动态平衡，形成稳定的空间电荷区。空间电荷区的宽度与电位差主要由材料特性决定。

1.2.2　光生伏特效应

半导体材料中的电子受到光子的激发跃迁到导带，光子本身湮灭的过程称为光的吸收。光子的吸收产生一个电子-空穴对（Election-Hole Pair，EHP）。图 1-1 阐释了各类 EHP 产生后的效果。

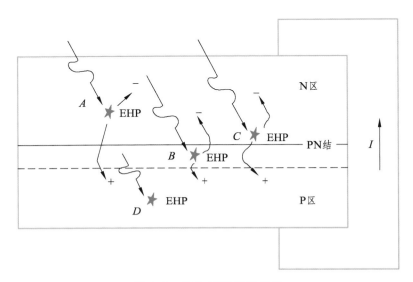

图 1-1　光生伏特效应原理

图 1-1 中，B、C 两个电子-空穴对在 PN 结内部产生，电子和空穴两个载流子受到内电场的作用，电子迅速进入 N 区，空穴进入 P 区，使得相应区域主载流子的浓度在靠近 PN 结部分增加，这种局部浓度增加将使得主载流子向接触面扩散，在上、下两个接触面间产生电势差。外部导线中电子在电势差作用下定向移动形成电流，该电流大小与 PN 结区域内产生电子-空穴对的数量成正比。在 PN 结外但靠近 PN 结的区间内的电子-空穴对如图 1-1 中 A 所示，A 产生的空穴在 N 区中为少数载流子，如果没有遇到电子而复合，在热运动的影响下，可能进入 PN 结中，最终进入 P 区成为多数载流子，结果与 B、C 相似。而远离 PN 结的电子-空穴对如图 1-1 中 D 所示，则很可能在到达 PN 结前遭遇复合而消失。

因此，在外部光照的作用下，半导体材料中产生电子-空穴对，电子-空穴对在 PN 结电场的作用下产生分离运动，使得电子移向 N 区，空穴流向 P 区，在外部端子间产生电势差的过程称为光生伏特效应。光生伏特是光伏电池进行光电转换的基本原理。

1.2.3　光伏阵列

单体的单晶硅光伏电池的输出电压在标准照度（1 000 W/m²）下只有 0.5 V 左右，常用单体电池的输出功率一般在 1 W 左右。单体电池除了容量小以外，其机械强度也较差。因此，在实际应用中一般将若干单体电池串、并联连接并严密封装成组件，以组件为最小单位，进一步将若干个光伏电池组件串、并联连接组成光伏电池阵列，按照用户的要求和负载的用电量及技术条件，计算光伏电池组件的串、并联数，串联数由光伏阵列的工作电压决定，并联数由光伏阵列的工作电流决定，输出功率取决于电池组件的串、并联数量。

光伏电池作为阵列的基本单元，实现了光能与电能的转换。目前，光伏发电工程中使用的光电转换器件主要是硅光伏电池，包括单晶硅、多晶硅和非晶硅电池，其中单晶硅光伏电池生产工艺技术较成熟，已进入大规模生产阶段。

光伏阵列作为并网光伏发电系统的发电元件，相较其他种类能源的开发具备独有的优势：

① 光伏阵列通过光生伏特效应的基本原理实现了光子与电子的直接转换，没有中间过程与机械运动，发电形式极为简洁，具备极高的发电效率，最高为 80%以上。

② 光伏阵列的主要材料硅储备丰富，没有资源短缺和耗尽的问题。

③ 光伏阵列发电没有燃烧过程，不排放废气、废水，具有良好的环境友好性。

④ 光伏阵列没有旋转部件，不存在机械磨损与噪声，利于嵌入建筑物中，可节省用地，也有利于配电网接入。

⑤ 光伏阵列采用模块化结构，利于建造安装、拆卸迁移。

⑥ 光伏阵列发电性能稳定可靠，使用寿命长。

⑦ 光伏阵列作为光伏发电系统核心优势的集中体现，使得并网光伏发电系统在未来的开发进程中有着良好的发展前景。

1.2.4　光伏并网逆变器

光伏并网逆变器将光伏阵列发出的直流电转化为符合电网标准的交流电，维持光伏机组侧与电网侧的能量平衡，并稳定直流侧电压，同时通过电网电压电流监测与同步技术实现并网电流的控制。并网逆变器的性能不仅影响和决定并网光伏发电系统能否稳定、安全、可靠地运行，而且直接影响了电网电能质量与系统的稳定性。光伏逆变器的结构与控制系统决定了光伏并网系统的并网容量与运行性能。

光伏并网逆变器按照有无隔离变压器分为隔离型与非隔离型两种，按照直流侧结构不同分为单级式与多级式两种。其中，双级式并网光伏发电系统的典型拓扑结构如

图 1-2 所示，通过前级 DC/DC 变换器与后级 DC/AC 变换器两级模块实现能量转换。前级 DC/DC 模块，可避免部分光伏板受到云暂态效应而造成的光伏组件输出能量严重损失，维持正常运行，还可实现电压升压变换与系统最大功率点追踪（MPPT）；后级 DC/AC 变换器可实现直流到交流的变换。前级 DC/DC 变换为后级变换提供了更为稳定的直流端，使得各级变换器具有相对独立的控制目标与结构，相应的设计也较简单，对辐射度、温度等环境变化的适应性较好。

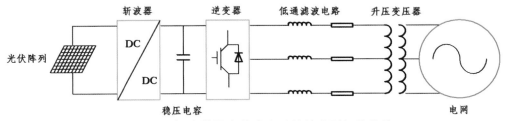

图 1-2　双级式并网光伏发电系统的典型拓扑结构

　　单级式并网光伏发电系统与双级式并网光伏发电系统拓扑结构的差别在于其未加入 Boost 电路，这使得光伏阵列与直流母线电容直接相连，结构简单，但抗电网扰动能力不及双级式并网发电系统。

　　并网光伏发电系统为追求最大的发电功率输出，光伏阵列的排列方式会有较大的差别。根据光伏阵列的排布方式与功率等级，可将并网光伏发电系统体系结构归为 6 类：集中式、交流模块式、串形、多支路、主从和直流模块式。其中，在大功率等级并网方面，集中式自 20 世纪 80 年代起得到广泛运用。另外，主从结构以及多支路结构在近些年也逐渐被采用。集中式结构示意图如图 1-3 所示。

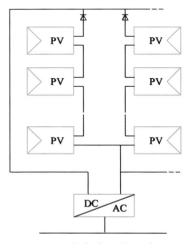

图 1-3　集中式结构示意图

在大型光伏电站中，集中式结构由于其输出功率可达兆瓦级，单位发电成本低，故仍在光伏电站中占主导地位。

1.3　光伏并网逆变器的功能要求

为维持同步电网的稳定性，电源并入电网必须满足相应的并网要求，即电源要适应交流电网的各种运行工况，如故障、甩负荷、三相不平衡等异常运行条件，并能按照规定提供频率、电压等辅助支撑，参与电网调频、调峰。

光伏并网逆变器作为光伏并网的唯一器件，其基本功能是将光伏阵列发出的电能传输到电网上，保证光伏阵列的最大功率输出，调控直流侧电压并控制交流侧并网电流。除电能变换的基本功能，并网逆变器还需要满足电网的并网功能要求。光伏发电电气响应的特征和传统发电系统不同，首先，光伏发电不受旋转惯量的约束，调控全靠全控型电力电子器件，交、直流电气量可以快速响应跟踪目标设定值；其次，并网结构也有别于常规电源大容量集中接入，受能量密度和资源分布因素制约，大容量光伏电站通常由若干小容量发电单元汇集而成，通过分级升压的长距离线路以后并入电网。逆变器是光伏并网系统的核心部分。一方面，光伏发电系统通过逆变器实现功率变换及并网运行，逆变器的高频特性和非线性特性会影响电网电能质量，如向电网注入谐波电流；另一方面，电网中存在的谐波和不平衡负序分量等电能质量扰动，将导致光伏系统输出有功功率波动和输出电流畸变，反过来影响光伏并网逆变器的正常运行。

为方便解释说明，这里先给出通用的、不随拓扑结构变化的光伏并网结构与控制系统，如图 1-4 所示。

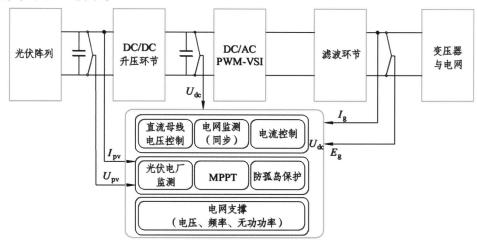

图 1-4　光伏并网结构与控制系统

光伏并网逆变器主要由图中 DC/DC 升压环节、DC/AC 逆变环节、外部滤波环节 3 部分组成。对于光伏电站中的并网光伏机组，通过对电网电压、并网电流、直流母线电压、光伏阵列端口电压、光伏阵列端口电流 5 个物理量的监测，实现以下 3 类控制功能：

1．基本功能

以下基本功能对所有类型的并网逆变器均通用：

（1）并网电流控制：标准规定了总谐波畸变率限制范围，保持电网短路期间的稳定性，穿越电网电压扰动。

（2）直流电压控制：对电网电压变化自适应，穿越电网电压扰动。

（3）电网同步：按标准要求运行于单位功率因数，穿越电网电压扰动。

2．光伏的特有功能

特有功能对所有光伏并网逆变器都适用，包括并网型逆变器和离网型逆变器。

（1）最大功率点跟踪（MPPT）：要求稳态时 MPPT 效率高，动态辐射快速变化时迅速跟踪，辐射水平很低时稳定运行。

（2）控制对象监测：光伏板阵列诊断，部分阴影检测。

（3）自动开关机：逆变器根据光照条件，实现自动开机或关机。

（4）软启动：逆变器启动运行时，输出功率应缓慢增加，输出功率变化率可调，输出电流无冲击。

3．辅助功能

（1）谐波补偿：额定功率运行时，注入电网的谐波限制要求。

（2）电网故障保护：故障穿越、交流侧短路保护、防反放电保护、直流过压等保护要求。

（3）电网支撑的要求：需要并网标准提供一次调频、紧急功率响应、紧急电压控制等在电网紧急情况下的功能要求。

1.4　光伏并网逆变器的基本结构

光伏并网逆变器是并网光伏发电系统的关键部件，能使太阳能电池所输出的直流电转换成与电网同步的交流电，是光伏系统能量转换与控制的核心。因此，掌握光伏并网逆变器技术对应用和推广光伏并网系统可起到至关重要的作用。

根据有无隔离变压器，光伏并网逆变器可分为隔离型和非隔离型。光伏并网逆变器分类如图 1-5 所示。

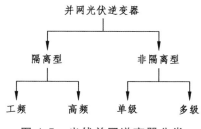

图 1-5　光伏并网逆变器分类

在光伏并网系统中，逆变器通常使用一个变压器将电网与光伏阵列隔离。光伏并网系统中将具有隔离变压器的并网逆变器称为隔离型光伏并网逆变器。按照变压器种类可将隔离型光伏并网逆变器分为工频隔离型光伏并网逆变器和高频隔离型光伏并网逆变器两类。

在隔离型并网系统中，变压器将电能转化成磁能，再将磁能转化成电能，显然，这一过程将导致能量损耗。一般数千瓦的小容量变压器导致的能量损失可达 5%，甚至更高。因此，提高光伏并网系统效率的有效手段是采用无变压器的非隔离型光伏并网逆变器结构。由于省去了笨重的工频变压器，系统结构变得简单，质量变轻，成本降低且具有相对较高的效率。一般而言，非隔离型光伏并网逆变器按结构可分为单级型和多级型两种。下面分别对工频隔离型、高频隔离型、单极非隔离型和多级非隔离型逆变器进行讲述。

1.4.1　工频隔离型光伏并网逆变器结构

工频隔离型是光伏并网逆变器最常用的结构，也是目前市场上使用最多的光伏逆变器类型，其结构如图 1-6 所示。光伏阵列发出的直流电能通过逆变器转化为 50 Hz 的交流电能，再经过工频变压器输入电网。该工频变压器可同时完成电压匹配以及隔离功能，主电路和控制电路相对简单，光伏阵列直流输入电压的匹配范围较大。由于变压器的隔离一方面可以有效提高人身安全性，当人接触到光伏侧的正极或者负极时，电网电流通过桥臂形成回路对人构成伤害，采用工频变压器隔离，人接触到光伏正负极的概率降低；另一方面，保证了光伏发电不会向电网注入直流分量，有效防止了配电变压器的饱和。

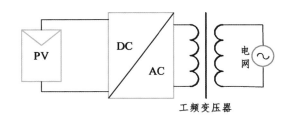

图 1-6　工频隔离型光伏并网逆变器结构

　　然而，工频变压器具有体积大、质量大的缺点，它约占逆变器总质量的 50%，使得逆变器外形尺寸难以缩小；另外，工频变压器的存在还增加了系统损耗和成本，并提高了运输和安装的难度。

　　1．单相结构工频隔离型光伏并网逆变器

　　单相结构工频隔离型光伏并网逆变器结构如图 1-7 所示，一般可采用全桥式和半桥式结构。这类单相结构常用于几千瓦以下功率等级的光伏并网系统，其中直流工作电压一般小于 600 V，工作效率也小于 96%。

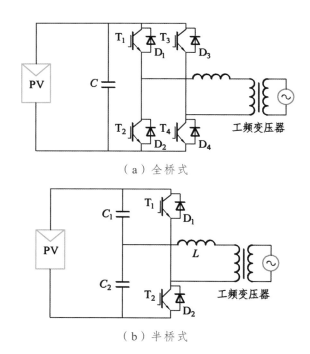

（a）全桥式

（b）半桥式

图 1-7　单相结构工频隔离型光伏并网逆变器结构

2．三相结构工频隔离型光伏并网逆变器

三相结构工频隔离型光伏并网逆变器结构如图 1-8 所示，一般可采用两电平或三电平三相半桥结构。这类三相结构常用于数十甚至数百千瓦以上功率等级的光伏并网系统。其中，两电平三相半桥结构的直流工作电压一般在 450～820 V，工作效率可达 97%；而三电平半桥结构的直流工作电压一般在 600～1 000 V，工作效率可达 98%，同时，三电平半桥结构可取得更好的波形品质。

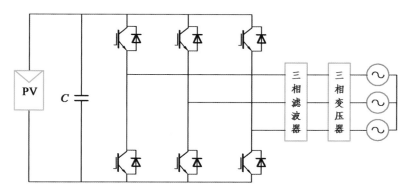

（a）三相全桥式

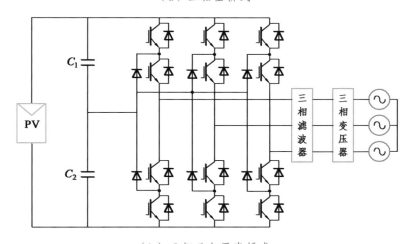

（b）三相三电平半桥式

图 1-8　三相结构工频隔离型光伏并网逆变器结构

3．三相多重结构工频隔离光伏并网逆变器

三相多重结构工频隔离型光伏并网逆变器结构如图 1-9 所示，一般采用三相全桥

式结构。这类三相多重结构常用于数百千瓦以上功率等级的光伏并网系统。三相全桥结构的直流工作电压一般在 450~820 V，工作效率可达 97%。值得一提的是，这种三相多重结构可根据太阳辐照度的变化，进行光伏阵列与逆变器连接组合的切换来提高逆变器的运行效率。例如，太阳辐照度较小时将所有阵列连入一台逆变器；而当太阳辐照度足够大时，才将两台逆变器投入运行。另外，当两台逆变器同时工作时，这种三相多重结构还可以利用变压器二次侧绕组 d 或 y 连接消除低次谐波电流，或采用移相多重化技术提高等效开关频率，降低每台逆变器的开关损耗。

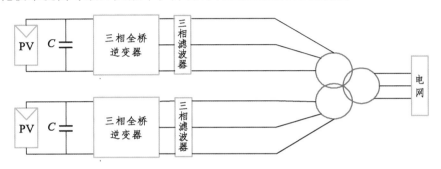

图 1-9　三相多重结构的工频隔离型光伏并网逆变器结构

1.4.2　高频隔离型光伏并网逆变器

工频隔离型光伏并网逆变器是最早发展和应用的一种光伏并网逆变器主电路形式。随着逆变技术的发展，在保留隔离型光伏并网逆变器优点的基础上，为减小逆变器的体积和质量，高频隔离型光伏并网逆变器结构便应运而生。随着器件和控制技术的改进，高频隔离型光伏并网逆变器的效率也可以做得很高。

高频隔离型光伏并网逆变器与工频隔离型光伏并网逆变器的不同之处在于使用了高频变压器，从而具有较小的体积和质量，克服了工频隔离型光伏并网逆变器的主要缺点。

按电路拓扑结构来分类，高频隔离型光伏并网逆变器主要有两种类型：DC/DC 变换型和周波变换型，其拓扑结构分别如图 1-10 及 图 1-11 所示。

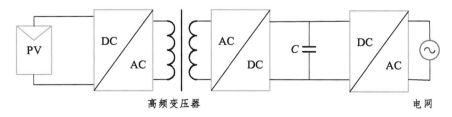

图 1-10　DC/DC 变换型高频链光伏并网逆变器拓扑结构

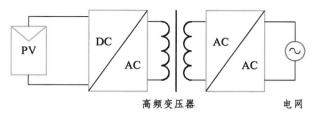

图 1-11　周波高频隔离型光伏并网逆变器拓扑结构

与工频变压器（Low Frequency Transformer，LFT）相比，高频变压器（High Frequency Transformer，HFT）具有体积小、质量轻等优点，因此，高频隔离型光伏并网逆变器有着较广泛的应用。高频隔离型逆变器主要采用了高频链逆变技术。

高频链逆变技术的概念是由 Espelage 和 B.K.Bose 于 1977 年提出的。高频链逆变技术采用高频变压器替代了低频逆变技术中的工频变压器，实现了输入与输出的电气隔离，减小了变压器的体积和质量，并显著提高了逆变器的特性。

在光伏发电系统中，已研究出多种基于高频链技术的高频光伏并网逆变器。一般而言，按电路拓扑结构分类的方法来研究高频链并网逆变器，分为 DC/DC 变换型（DC/HFAC/DC/LFAC）和周波变换型（DC/HFAC/LFAC）两大类，以下分类讨论。

1．DC/DC 变换型高频链光伏并网逆变器

DC/DC 变换型高频链光伏并网逆变器具有电气隔离、质量轻、体积小等优点，单机容量一般在几千瓦以内，系统效率在 93% 以上。在 DC/DC 变换型高频链光伏并网逆变器中，光伏阵列输出的电能经过 DC/HFAC/DC/LFAC 变换并入电网，其中，DC/AC/HFT/AC/DC 环节构成了 DC/DC 变换器。在 DC/DC 变换型高频链光伏并网逆变器电路结构中，输入、输出侧分别设计了两个 DC/AC 环节：在输入侧使用的 DC/AC 将光伏阵列输出的直流电能变换成高频交流电，以便利用高频变压器进行变压和隔离，再经高频整流得到所需电压等级的直流；而在输出侧使用的 DC/AC 将中间级直流电压逆变为低频正弦交流电压，并与电网连接。

2．全桥式 DC/DC 变换型高频链光伏并网逆变器

在具体的电路结构上，DC/DC 变换型高频链光伏并网逆变器前级的高频逆变器部分可采用推挽式、半桥式以及全桥式等变换电路的形式，而后级的逆变器部分可采用半桥式和全桥式等变换电路的形式。推挽式电路适用于低压输入变换场合；半桥式和全桥式电路适用于高压输入场合。实际应用中，可根据最终输出的电压等级以及功率大小来确定合适的电路拓扑形式。

全桥式 DC/DC 变换型高频链光伏并网逆变器拓扑结构如图 1-12 所示。

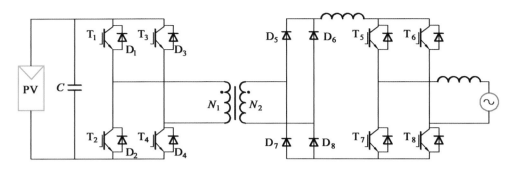

图 1-12 全桥式 DC/DC 变换型高频链光伏并网逆变器拓扑结构

3. 周波变换型高频链光伏并网逆变器

在 DC/DC 变换型高频链光伏并网逆变电路结构中使用了三级功率变换（DC/HFAC/DC/LFAC）拓扑，由于变换环节较多，导致增加了功率损耗。为提高高频光伏并网逆变电路的效率，在直接利用高频变压器的同时完成变压、隔离、SPWM 逆变的任务，有学者提出了基于周波变换的高频链逆变技术。周波变换型高频链光伏并网逆变器拓扑结构如图 1-13 所示。这类光伏并网逆变器的拓扑结构由高频逆变器、高频变压器和周波变换器 3 部分组成，构成了 DC/HFAC/LFAC 两级电路拓扑结构。功率变换环节只有两级，提高了系统的效率。由于没有中间整流环节，因此可以实现功率的双向传输。由于少用了一级功率逆变器，可达到简化结构、减小体积和质量、提高效率的目的，这为实现并网逆变器的高频、高效、高功率密度创造了条件。

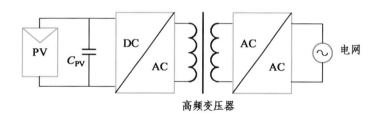

图 1-13 周波变换型高频链光伏并网逆变器拓扑结构

4. 全桥式周波变换型高频链光伏并网逆变器

周波变换型高频链光伏并网逆变器的高频逆变器部分也可采用推挽式、半桥式以及全桥式等变换电路的形式。周波变换器部分可采用全桥式和全波式等变换电路的形式。一般而言，推挽式电路适用于低压输入变换场合；半桥式和全桥式电路适用于高压输入场合；全波式电路功率开关电压应力高、功率开关数少、变压器绕组利用率低，适用于低压输出变换场合；全桥式电路功率开关电压应力低、功率开关数多、变压器绕组利用率高，适用于高压输出场合。全桥式周波变换型高频链光伏并网逆变器拓扑结构如图 1-14 所示。

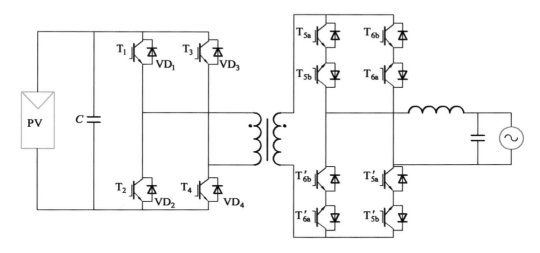

图 1-14　全桥式周波变换型高频链光伏并网逆变器拓扑结构

1.4.3　单级非隔离型光伏并网逆变器

单级非隔离型光伏并网逆变器拓扑结构如图 1-15 所示。

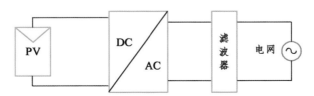

图 1-15　单级非隔离型光伏并网逆变器拓扑结构

单级光伏并网逆变器只用一级能量变换即可完成 DC/AC 并网逆变功能，它具有电路简单、元器件少、可靠性高、效率高、功耗低等诸多优点。

光伏阵列通过逆变器直接耦合并网，因而逆变器工作在工频模式。为了使直流侧电压达到可直接并网逆变的电压等级，一般要求光伏阵列具有较高的输出电压，这便使得光伏组件乃至整个系统必须具有较高的绝缘等级，否则易出现漏电现象。实际上，当光伏阵列的输出电压满足并网逆变要求且无须隔离时，可将工频隔离型光伏并网逆变器各种拓扑中的隔离变压器省略，从而演变出单级非隔离型光伏并网逆变器的各种拓扑，如全桥式、半桥式、三电平式等。

虽然单级非隔离型光伏并网逆变器省去了工频变压器，但常规结构的单级非隔离型光伏并网逆变器网侧均有滤波电感，而该滤波电感均流过工频电流，因此也有一定的体积和质量；常规结构的单级非隔离型光伏并网逆变器要求光伏组件具有足够的电压以确保并网发电。因此，可考虑一些新思路以克服常规单级非隔离型光伏并网逆变器的不足。以下介绍两种改进型的单级非隔离型光伏并网逆变器。

1．基于 Buck-Boost 电路的单级非隔离型光伏并网逆变器

为了克服常规结构的单级非隔离型光伏并网逆变器的不足，进一步减小光伏并网逆变器的质量和体积，有学者提出了一种基于 Buck-Boost 电路的单级非隔离型光伏并网逆变器，其拓扑结构如图 1-16 所示。

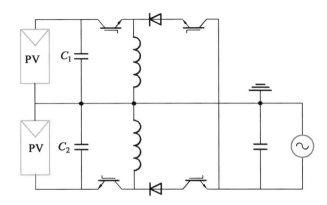

图 1-16　基于 Buck-Boost 电路的单级非隔离型光伏并网逆变器主电路拓扑结构

这种基于 Buck-Boost 电路的单级非隔离型光伏并网逆变器拓扑由两组光伏阵列和 Buck-Boost 型斩波器组成，因此无须变压器即可适配较宽的光伏阵列电压，以满足并网发电要求。两个 Buck-Boost 型斩波器工作在固定开关频率的电流不连续状态（Discontinuous Current Mode，DCM）下，并且在工频电网的正、负半周中控制两组光伏阵列交替工作。由于中间储能电感的存在，这种非隔离型光伏并网逆变器的输出交流端无须接入流过工频电流的电感，减小了逆变器的体积和质量。与具有直流电压适配能力的多级非隔离型光伏并网逆变器相比，这种逆变系统所用开关器件的数目相对较少。

2．基于 Z 源网络的单级非隔离型光伏并网逆变器

常规的电压源单级非隔离型并网逆变器拓扑存在以下问题：

（1）只能应用在直流电压高于电网电压幅值的场合，要想实现并网，需满足光伏输入电压高于电网电压的条件。

（2）同一桥臂的两个管子导通需加入死区时间，以防止直通而导致直流侧电容短路。

（3）直流侧的支撑电容值要设计得足够大，以抑制直流电压纹波。

针对上述常规拓扑的不足，提出了一种基于 Z 源网络的单级非隔离型光伏并网逆变器。相比于传统结构的光伏并网逆变器，它可以通过独特的直通状态达到直流侧升压的目的，从而实现逆变器任意电压输出的要求。如图 1-17 所示为基于 Z 源网络的单级非隔离型光伏并网逆变器的一般拓扑结构。该拓扑结构由光伏阵列、二极管 D、Z 源对称网络、全桥逆变器以及输出滤波环节 5 部分组成。

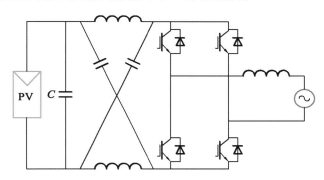

图 1-17　基于 Z 源网络的单级非隔离型光伏并网逆变器拓扑结构

这种新型的 Z 源光伏并网逆变器具有以下特点：

（1）理论上任意大小的光伏阵列输入电压均可通过 Z 源逆变器接入电网。

（2）无须死区，因此并网电流具有更好的波形品质。

在传统的电压型逆变器中，同一桥臂上下开关管同时导通（直通状态）是被禁止的，因为在这种情况下，输入端直流电容会因瞬间的直通而导致电流突增，从而损坏开关器件。但 Z 源网络的引入使直通状态在逆变器中成为可能，整个 Z 源逆变器也正是通过这个直通状态为逆变器提供了独特的升压特性。

1.4.4　多级非隔离型光伏并网逆变器

在传统拓扑的非隔离型光伏并网系统中，光伏电池组件输出电压必须在任何时刻都大于电网电压峰值，所以需要光伏电池板串联，以提高光伏系统输入电压的等级。但是多个光伏电池板串联可能因部分电池板被云层等外部因素遮蔽，导致光伏电池组件输出能量严重损失，光伏电池组件输出电压跌落，无法保证输出电压在任何时刻都大于电网电压峰值，从而使整个光伏并网系统无法正常工作；且只通过一级能量变换常常难以很好地同时实现最大功率跟踪和并网逆变两个功能。虽然上述基于 Buck-Boost

电路的单级非隔离型光伏并网逆变器能克服这一不足，但其需要两组光伏阵列连接并交替工作，对此可以采用多级变换的非隔离型光伏并网逆变器来解决这一问题。多级非隔离型光伏并网逆变器拓扑结构如图 1-18 所示。

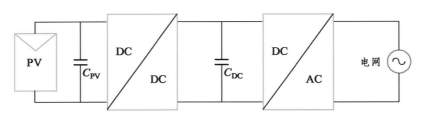

图 1-18 多级非隔离型并网逆变器拓扑结构

图中，功率变换部分一般由 DC/DC 和 DC/AC 多级变换器级联组成。由于在该类拓扑中一般需采用高频变换技术，因此也称为高频非隔离型光伏并网逆变器。

需要注意的是，由于在非隔离型的光伏并网系统中，光伏阵列与公共电网是不隔离的，这将导致光伏组件与电网电压直接连接。而大面积的太阳能电池组不可避免地与地面之间存在较大的分布电容，因此，会产生太阳能电池对地的共模漏电流。而且由于无工频隔离变压器，该系统易向电网注入直流分量。实际上，对于非隔离型并网系统，只要采取适当措施，同样可保证主电路和控制电路运行的安全性。由于非隔离型光伏并网逆变器诸多的优点，该结构将成为今后主要的光伏并网逆变器结构。

通常多级非隔离型光伏并网逆变器的拓扑含前级的 DC/DC 变换器及后级的 DC/AC 变换器。多级非隔离型光伏并网逆变器设计的关键在于 DC/DC 变换器的电路拓扑选择，从 DC/DC 变换器的效率角度来看，Buck 和 Boost 变换器效率是最高的。由于 Buck 变换器是降压变换器，无法升压，若要并网发电，就必须使得光伏阵列的电压要求匹配在较高等级，这将给光伏系统带来很多问题，因此 Buck 变换器很少应用于光伏并网发电系统。Boost 变换器为升压变换器，可以使光伏阵列工作在一个宽泛的电压范围内，因而直流侧电池组件的电压配置更加灵活。通过适当的控制策略可使 Boost 变换器的输入端电压波动很小，因而提高了最大功率点跟踪的精度。同时，Boost 电路结构上与网侧逆变器下桥臂的功率管共地，驱动相对简单。可见，Boost 变换器在多级非隔离型光伏并网逆变器拓扑设计中是较为理想的选择。

1. 基本 Boost 多级非隔离型光伏并网逆变器

基本 Boost 多级非隔离型光伏并网逆变器的主电路拓扑如图 1-19 所示，该电路为双级功率变换电路。前级采用 Boost 变换器完成直流侧光伏阵列输出电压的升压功能以及系统的最大功率点跟踪（MPPT），后级 DC/AC 部分一般采用经典的全桥逆变电路完成系统的并网逆变功能。

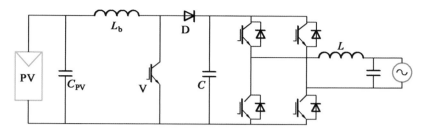

图 1-19　基本 Boost 多级非隔离型光伏并网逆变器主电路拓扑

2. 双模式 Boost 多级非隔离型光伏并网逆变器

在如图 1-19 所示的基本 Boost 多级非隔离型光伏并网逆变器中，前级 Boost 变换器与后级全桥变换器均工作于高频状态，因而开关损耗相对较大。为此，有学者提出了一种新颖的双模式（dual-mode）Boost 多级非隔离型光伏并网逆变器。这种光伏并网逆变器具有体积小、寿命长、损耗低、效率高等优点，其主电路如图 1-20 所示。与图 1-19 所示的基本 Boost 多级非隔离型光伏并网逆变器不同的是：双模式 Boost 多级非隔离型光伏并网逆变器电路增加了旁路二极管。

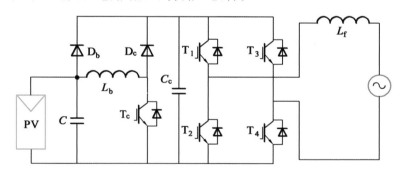

图 1-20　双模式 Boost 多级非隔离型光伏并网逆变器主电路

3. 双重 Boost 光伏并网逆变器

随着系统功率等级越来越大，为了减少谐波含量和加快动态响应，逆变器功率处理能力和开关频率之间的矛盾越来越大。在多级非隔离型光伏并网逆变器中，是否可以考虑将多重化、多电平以及工频调制技术相结合以解决这一矛盾？基于双重 Boost 变换器的电流型光伏并网逆变器应运而生，其主电路拓扑如图 1-21 所示。其主要的设计思路就是在输入级采用电流多重化设计，为利用这一电流多重化设计而在输出级选用了电流源逆变器拓扑结构，并采用工频调制将输入级的电流多重化转化成为逆变器输出的多电平电流波形，从而有效减小了网侧滤波器体积和系统损耗。

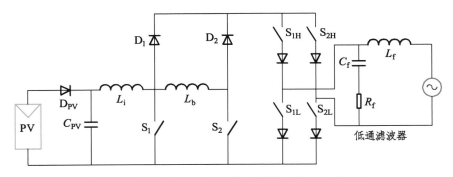

图 1-21　双重 Boost 电流型并网逆变器主电路拓扑

1.5　多支路光伏并网逆变器

　　随着光伏发电技术与市场的不断发展,光伏并网系统在城市中的应用也日益广泛。然而，城市的可利用空间有限，为在有限空间中提高光伏系统的总安装容量，一方面要提高单个电站的容量，另一方面应将光伏发电广泛地与城市建筑相结合。城市建筑的情况较为复杂，其光照、温度、光伏组件规格都会因安装地方的不同而有所差异，传统的集中式光伏并网结构无法满足光伏系统的高性能应用要求，为此可以采用多支路型的光伏并网逆变器结构。多支路型的光伏并网逆变器在各支路光伏方阵的特性不同或光照及温度条件不同时，各支路可独立进行最大功率跟踪，从而解决了各支路之间的功率失配问题。多支路光伏并网逆变器安装灵活，维修方便，可最大限度地利用太阳辐射能量，有效克服支路间功率失配所带来的系统整体效率低下等缺点，并可最大限度地减少单一支路故障的影响，具有较好的应用前景。

　　一般而言，根据有无隔离型变压器，可将多支路光伏并网逆变器分为隔离型和非隔离型两大类，以下分别进行阐述。

1.5.1　隔离型多支路光伏并网逆变器

　　对于隔离型多支路光伏并网逆变器而言，由于可以设置较多支路，每个支路变换器的功率又可相对较小，因而这种隔离型结构通常可使用高频链技术。如图 1-22 所示为多支路高频链光伏并网逆变器电路结构，由高频逆变器、高频变压器、整流器、直流母线、逆变器及输入、输出滤波器等构成。其中，输入级的高频链结构采用基于全桥高频隔离的多支路设计，而并网逆变器则采用集中式设计。

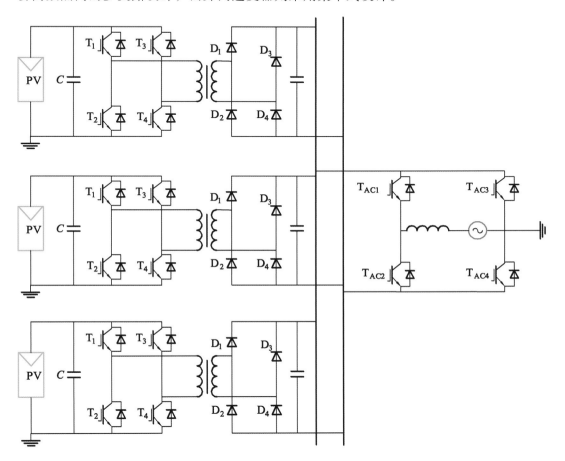

图 1-22　多支路高频链光伏并网逆变器结构

由于全桥式高频隔离并网逆变器的前后级电路控制通过中间直流电容解耦，因而当有多个支路时，每个前级全桥电路可以单独控制，多个支路输出的电流汇集到直流母线上，然后经过一个集中的并网逆变器并网运行。

多支路高频链光伏并网逆变器具有以下优缺点：

优点：

（1）电气隔离，质量轻。

（2）对每条支路分别进行最大功率跟踪，解决了各条支路间的电流失配问题。

（3）由于具有多个支路电路，适合多个不同倾斜面阵列接入或者某一阵列出现遮阴的情况下使用，即阵列 1~n 可以具有不同的 MPPT 电压，互补不干扰。

（4）适用于光伏建筑一体化形式的分布式能源系统。

缺点：

（1）工作频率较高，系统的 EMC 比较难设计。

（2）系统的抗冲击性能较差。

（3）三级功率变换，系统功率器件偏多，系统的整体效率偏低，成本相对较高。

1.5.2　非隔离型多支路光伏并网逆变器

为更好地提高系统效率、降低损耗、减小系统体积，可采用非隔离型拓扑结构以组成多支路光伏并网逆变器。非隔离型多支路光伏并网逆变器由多个 DC/DC 变换器和一个集中并网逆变器组成，具有 MPPT 效率高、可靠性高、良好的可扩展性、组合多样等优点。其 DC/DC 变换器常为 Boost 变换器。如图 1-23 所示为一典型基于 Boost 变换器的多支路光伏并网逆变器主电路拓扑。与多支路高频链光伏并网逆变器系统整体控制类似，输入级完成 MPPT 控制，而网侧逆变器则通过输出电流的控制来稳定中间直流母线电压，并实现整个系统稳定并网运行。

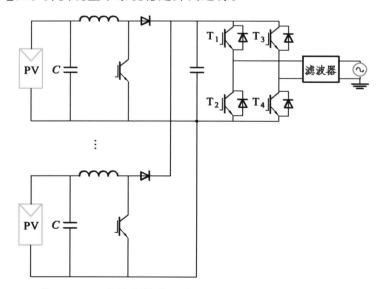

图 1-23　基于 Boost 变换器的非隔离型多支路光伏并网逆变器主电路拓扑

Boost 变换器输出电压大于输入电压，限定了光伏阵列输出的电压范围。为了提高电压范围，更好地适应复杂的环境，可采用双重 Buck-Boost 变换器的多支路光伏并网逆变器结构，其主电路拓扑如图 1-24 所示。其中，输入级采用 Buck-Boost 变换器，通过调节占空比升压或降压，使系统具有较大的光伏阵列输入电压范围。在双重 Buck-Boost 变换器中，每个开关具有相同的占空比，且采用载波移相 PWM 多重化调制技术，从而使输出等效的开关频率增加了一倍，即使输出电压和输出电流的脉动幅值减少了一半，因而使用较小的输出电容就可以稳定电压。

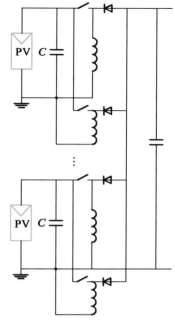

图 1-24　采用双重 Buck-Boost 电路的多支路光伏并网逆变器主电路拓扑

1.5.3　非隔离级联型光伏并网逆变器

随着电力电子技术的进步，多电平逆变器以其电压变化率（du/dt）小、开关损耗低以及输出波形好（谐波含量低）等诸多优点在大功率变换器领域获得了较好的应用。典型的多电平逆变器拓扑主要包括二极管箝位型和飞跨电容型。然而，随着电平数的增加，二极管箝位型逆变器不仅需要大量的箝位二极管，还需要额外的方法来保证分压电容的均压控制，而且当电平数大于 3 时，其控制策略的复杂性大大增加；飞跨电容型逆变器虽没有箝位二极管，但也需要大量的飞跨电容，同时也要对电压进行控制。为克服上述两类多电平逆变器的不足，近年来，级联型多电平逆变器得到了快速发展。级联型多电平逆变器的主要优点是在相同的电平数下级联型所需的功率开关器件数量少，且控制策略简单，特别是易于模块化扩展和冗余运行。级联型多电平逆变器的主要不足在于需要多个相互独立的直流电源，实际系统中一般采用多个蓄电池或由多个二次绕组的变压器输出整流来实现。

但在光伏并网系统中，通常采用多个光伏电池板串联作为直流侧输入，因此可较方便地采用一定数量的电池板串联来获得独立的直流源。级联型多电平逆变器可以独立控制各单元的功率输出，使得光伏并网系统中电池板即使工作在不匹配的状态下也可进行独立的 MPPT。例如，当受到的辐照度不一样而存在不同的最大功率点时，如果采用单个集中型光伏并网逆变器，则一定会造成能量的损失。这种情况若采用级联型光伏并网逆变器，可将不同辐照的组件作为独立的直流单元，通过各自独立的 MPPT 控制就可以使系统最大限度地向电网输送电能。再者，级联型光伏并网逆变器可在开关频率较低的情况下获得满意的输出效果，不仅降低了开关损耗，减小了滤波器体积，节约了滤波器成本，而且有效提高了功率变换系统的效率。可见，在光伏并网系统（尤其是大功率系统）中非常适合采用基于级联多电平的光伏并网逆变器结构。

基于两单元级联的五电平单相光伏并网逆变器的主电路拓扑如图 1-25 所示。这是一种最基本的级联组合，实际应用中可以采用多个单元的级联并可以进行组合，以构成三相级联型多电平的光伏并网逆变器。

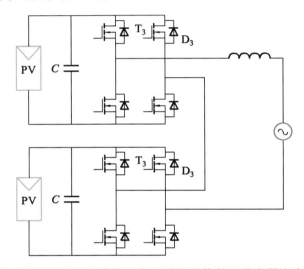

图 1-25　基于两单元级联的五电平单相光伏并网逆变器主电路拓扑

从图 1-25 中可以看出，在级联型光伏并网逆变系统中，无须前级的 DC/DC 环节，每个光伏模块与各自的直流侧储能电容连接，经 H 桥逆变并由各自 H 桥输出电压的串联叠加，以合成支路的输出电压。通过输出电压幅值和相位的控制来控制并网电流，从而实现光伏系统的单位功率因数并网运行。

1.6　并网光伏发电系统数学模型

并网光伏发电系统由光伏阵列与变流器组成。光伏电池产出的电压与电流为直流量，为实现并网需要，通过变流器将其转化为交流量后接入电网。不同器件的数学模型阐释如下：

1.6.1　光伏阵列数学模型

光伏阵列一般由多组光伏组件并、串联而成，光伏电池为光伏组件发电的基本单元。光伏电池利用光生伏特效应实现电池内电子定向移动以形成电位差，从而实现能量的转换。光伏电池实际上可视为一个大面积平面二极管，其工作原理可以通过如图 1-26 所示的等效电路来描述。

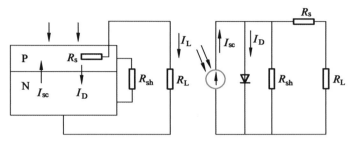

图 1-26　光伏电池的单二极管等效电路

图中，R_L 是光伏系统的外接负载，负载电压（即光伏电池的输出电压）为 U_L，负载电流（即光伏电池的输出电流）为 I_L。I_{sc} 代表光子在光伏电池中激发的电流，其量值取决于辐射度、电池面积与本体温度 T_0。根据光生伏特效应可知，I_{sc} 与入射光的辐射强度成正比，温度的升高也会使得 I_{sc} 略微上升。一般来说，1 cm² 硅光伏电池在标准测试条件下的 I_{sc} 为 15 ~ 30 mA，温度每升高 1 ℃，I_{sc} 上升 78 mA。I_D（二极管电流）为通过 PN 结的总扩散电流，又称为暗电流，方向与 I_{sc} 相反，是指没有太阳光照时 PN 结在外部加电压时流过的电流。I_D 表达式如下：

$$I_D = I_{D0}\left(\mathrm{e}^{\frac{qE}{AKT}} - 1\right) \tag{1-1}$$

式中　q——电子电荷，$1.6×10^{-19}$ C；

　　　K——玻尔兹曼常数，$1.38×10^{-23}$ J/K；

　　　A——常数因子（正偏电压大时取 1，正偏电压小时取 2）；

　　　E——光伏电池电动势；

　　　T——环境温度；

　　　I_{D0}——光伏电池在无光照时的饱和电流；

　　　I_D——二极管电流，为通过 PN 结的总扩散电流。

由式（1-1）可知，其大小与光伏电池电动势 E 和温度 T 有关。

I_{D0} 为光伏电池在无光照时的饱和电流：

$$I_{D0} = SqN_CN_V\left[\frac{1}{N_A}\frac{D_n^{\frac{1}{2}}}{\tau_n} + \frac{1}{N_D}\frac{D_p^{\frac{1}{2}}}{\tau_p}\right]e^{-\frac{E_g}{kT}} \tag{1-2}$$

式中　S——PN 结面积；

　　　N_C、N_V——导带和界带的有效态密度；

　　　N_A、N_D——受主杂质与施主杂质的浓度；

　　　D_n、D_p——电子与空穴的扩散系数；

　　　τ_n、τ_p——电子与空穴的少子寿命；

　　　E_g——半导体材料的间隙。

另根据图 1-26，可得到负载电流的表达式：

$$I_L = I_{sc} - I_{D0}\left(e^{\frac{qE}{AKT}} - 1\right) - \frac{U_L + I_L R_s}{R_{sh}} \tag{1-3}$$

式中　R_s——串联电阻，主要由电池的体电阻、表面电阻、电池导体电阻、电极与硅
　　　　　表面间接触电阻组成；

　　　R_{sh}——旁漏电阻，由硅片的边缘不清洁或体内缺陷引起。

正常光照条件下，光伏电池的输出功率特性曲线是以最大功率点为极值的单峰值曲线，图 1-26 与式（1-3）给出的单二极管模型可以比较精确地描述其工作特性。

一般光伏电池，串联电阻 R_s 很小，并联电阻 R_{sh} 很大，因而在进行理想电路计算时可以忽略不计，因此可得到代表理想光伏电池的特性：

$$I_L = I_{sc} - I_{D0}\left(e^{\frac{qE}{AKT}} - 1\right) \tag{1-4}$$

由式（1-4）可得：

$$U_L = \frac{AKT}{q}\ln\left(\frac{I_{sc} - I_L}{I_{D0}} + 1\right) \tag{1-5}$$

式（1-4）和式（1-5）忽略了串联电阻 R_s 和并联电阻 R_{sh} 的影响，与真实的光伏电池模型产生微小的偏差，但是仍在本质上表达了输出电压、电流与辐射度和温度的作用。

光伏电池短路试验 $R_L = 0$ 时，输出电流 I_L 趋近于 I_{sc}，开路实验时 $R_L \to \infty$，开路电压表达式如下：

$$U_{oc} = \frac{AKT}{q}\ln\left(\frac{I_{sc}}{I_{D0}} + 1\right) \approx \frac{AKT}{q}\ln\left(\frac{I_{sc}}{I_{D0}}\right) \tag{1-6}$$

以式（1-5）和式（1-6）绘制 U_L-I_L 曲线，U_{oc}、I_{sc} 为端点可确定光伏电池的曲线，通过功率表达式 $P = U_L I_L$ 可确定光伏电池的 P-U_L 曲线，如图 1-27 所示。两组特性曲线是光伏外特性的重要量化曲线，在设计光伏组件时需要确定每个电池的特性，以避免电池单元间的巨大差别对组件输出功率产生巨大影响。

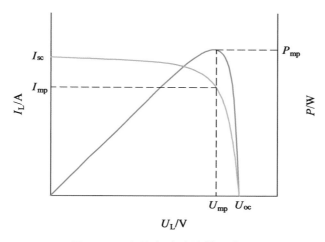

图 1-27　光伏电池外特性示意图

光伏电池在出厂环节之前完成串联组装，此时的光伏电池串称为光伏组件。串联方式下，电池电压相加，电池保持不变，因而光伏组件电流等于单块电池电流。当单块电池由于遮蔽等原因而出现特性不佳时，光伏组件将出现功率损耗，此处不做讨论。光伏组件生产厂家在出厂时只为用户提供规格表，提供标准测试条件下的短路电流 I_{sc}、开路电压 U_{oc}、最大功率点输出功率 P_m、最大功率点电压 U_m 和最大功率点输出电流 I_m 共 5 个有限的出厂参数，由式（1-5）可以确定光伏电池的输出特性。但在实际工程计算中，由于该公式求解困难而需要完成公式显式化的数学运算，得到标准条件（$S = 1\,000\ \text{W}/\text{m}^2$，$T = 25\ ℃$）下的计算公式：

$$I_L = I_{sc}\left[1 - C_1\left(\mathrm{e}^{\frac{U_L}{C_2 U_{oc}}} - 1\right)\right] \tag{1-7}$$

其中：

$$C_1 = \left(1 - \frac{I_m}{I_{sc}}\right)\mathrm{e}^{\frac{U_L}{C_2 U_{oc}}} \tag{1-8}$$

$$C_2 = \left(\frac{U_m}{U_{oc}} - 1\right) \ln\left(1 - \frac{I_m}{I_{sc}}\right) \quad\quad （1-9）$$

以此可以根据厂家提供的出厂参数快速确定标准条件下光伏组件的工作输出特性曲线。

根据终端设计者的需求，以串联、并联的方式把光伏组件连接成光伏阵列，因而需要根据用户要求与预设发电量（负载用电量）及技术条件计算光伏组件的串并联数。光伏组件的串联数由光伏阵列工作电压决定，在光伏机组处应考虑与逆变器输入电压的配合关系，确定组件串联数后，根据发电机组外送功率规模确定组件并联数。简单而言，组件串联是为了获取阵列所需的输出电压，组件并联是为了获取组件的外送电流。

1.6.2 并网光伏发电系统逆变器数学模型

典型并网发电系统按照并网结构可分为单相和三相结构。单相并网光伏发电系统通常容量较小且接入低压配电网。大型并网光伏发电系统一般采用三相结构，集中于电网发电侧太阳能资源富集区域。对于集中式光伏发电系统，不仅需要承担电力系统发电任务，而且需要按并网需求对电网承担电网支持等辅助服务的责任。并网逆变器作为光伏阵列与电网连接的重要部件，承担着将光伏电池输出直流电转换成负荷电网要求的交流电并输入电网的任务，是整个并网型光伏发电系统能量转换的核心。本书1.4 节已简单介绍单极式和双极式拓扑结构，这里给出三相结构的单极式和双极式逆变器电路图，采用单级式并网结构的逆变器拓扑结构如图 1-28 所示。双级式并网结构为保持对光伏阵列输出电压的实时调控，在单级式并网结构的基础上增加了一层 Boost升压变流器，其典型拓扑结构如图 1-29 所示，前级采用 Boost 变流器实现直流侧输出电压的升压功能，后级 DC/AC 采用三相全桥逆变电路，实现并网逆变功能。

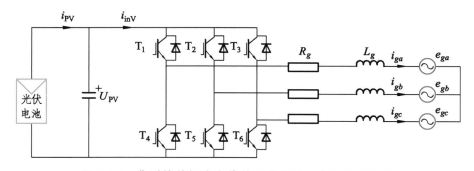

图 1-28 典型的单级式光伏并网逆变器主电路拓扑结构

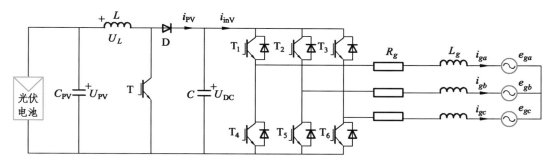

图 1-29 典型的两级式光伏并网逆变器主电路拓扑结构

1.6.3 Boost 变流器数学模型

Boost 变流器是典型的开关直流升压斩波电路，可实现电路输出电压高于输入电压，其工作过程简要叙述如下：

令 T 的开关周期为 T_s，占空比为 D。

当 $0 < t < DT_s$ 时，T 导通，电流回路是 C_{PV}—L—T—C_{PV}，此时，C_{PV} 经 T 给电感 L 储存磁能，$U_L = U_{PV}$。其中，U_L、U_{PV} 分别为图 1-28 中电感两端和光伏电池组输出电压。

当 $DT_s < t < T_s$ 时，T 关断，电流回路是 C_{PV}—L—V_D—C—C_{PV}。此时，C_{PV} 和 L 同时向电容 C 充电，$U_L = U_{PV} - U_L$。

稳态时，流过电感 L 的电流应在一个周期内平衡，有：

$$\frac{U_{PV}}{L}t_{on} + \frac{U_{PV} - U_C}{L}t_{off} = 0 \tag{1-10}$$

根据占空比定义 $D = \dfrac{t_{on}}{t_{on} + t_{off}} = \dfrac{t_{on}}{T_s}$ 可推导出：

$$\frac{U_{PV}}{L}DT_s + \frac{U_{PV} - U_C}{L}(1-D)T_s = 0 \tag{1-11}$$

化简得到 Boost 变流器输入输出电压之间的关系：

$$U_{PV} = (1-D)U_C \tag{1-12}$$

由于 $D < 1$ 恒成立，式（1-12）表明 Boost 电路的输出电压 U_C 可大于光伏阵列端口电压 U_{PV}，实现升压变换功能，因此可将 Boost 电路看作直流电压升压器。

1.6.4 并网光伏发电系统网侧变流器数学模型

并网光伏系统的网侧变流器一般称作光伏并网逆变器，无论光伏发电系统的拓扑结构如何调整，在单级式、双级式乃至单相、多相变流器中，网侧变流器都是不可缺少的单元，即并网逆变单元。在双级式并网光伏发电系统中，由于设置了足够容量的直流滤波电容，使得前级与后级控制有着明确分工且能够实现控制解耦。前级变流器主要实现最大功率点功能，而后级网侧变流器一般有两个具体的控制要求：一是保持直流侧电压稳定，二是实现并网电流控制。

如图 1-30 所示为网侧变流器的等效电路。其中，$T_1 \sim T_6$ 为 IGBT 全控型电力电子器件；i_{PV} 为光伏阵列输出电流；i_{inV} 为网侧变流器输入电流；U_{dc} 为变流器直流母线电压；L_g、R_g 分别为变流器并网电感与电阻；C 为变流器直流母线电容；下标 g 表示电网侧变量。

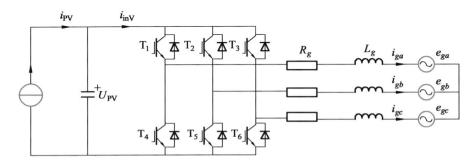

图 1-30 带 L 型滤波器的网侧变流器等效电路

在图 1-30 所示的电路中，全控型电力电子器件可采用开关函数法进行建模。令连接同相电源的上下两个电力电子器件为一组桥臂，变流器工作时，一组桥臂中两个器件的开关状态相反，可定义每组桥臂的开关函数 S_a，S_b，S_c 为

$$S_{a,b,c} = \begin{cases} \dfrac{1}{2}\,(上桥臂等效开关导通，下桥臂等效开关关断) \\[2mm] -\dfrac{1}{2}\,(上桥臂等效开关关断，下桥臂等效开关导通) \end{cases} \quad (1\text{-}13)$$

根据各桥臂的通断状态，可得到网侧变流器的受控源模型，如图 1-31 所示。

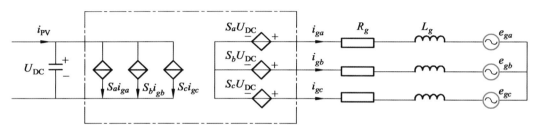

图 1-31 网侧变换器受控源模型

可根据 KVL 原理列出其电压平衡方程与电流节点方程，得到用开关函数表示的网侧变流器数学模型：

$$
\begin{cases}
e_{ga} + R_g i_{ga} + L_g \dfrac{\mathrm{d}i_{ga}}{\mathrm{d}t} - S_a U_{DC} \\[2mm]
= e_{gb} + R_g i_{gb} + L_g \dfrac{\mathrm{d}i_{gb}}{\mathrm{d}t} - S_b U_{DC} \\[2mm]
= e_{gc} + R_g i_{gc} + L_g \dfrac{\mathrm{d}i_{gc}}{\mathrm{d}t} - S_c U_{DC} \\[2mm]
C \dfrac{\mathrm{d}U_{DC}}{\mathrm{d}t} = -S_a i_{ga} - S_b i_{gb} - S_c i_{gc} + i_{PV}
\end{cases}
\tag{1-14}
$$

对于三相三线制系统，始终有 $i_{ga} + i_{gb} + i_{gc} = 0$ 成立。而相电压的参考电位不影响相电流，因此有 $e_{ga} + e_{gb} + e_{gc} = 0$ 成立。故可将式（1-14）简化为：

$$
\begin{cases}
L_g \dfrac{\mathrm{d}i_{ga}}{\mathrm{d}t} = -R_g i_{ga} + U_{DC}\left(S_a - \dfrac{S_a + S_b + S_c}{3}\right) - e_{ga} \\[3mm]
L_g \dfrac{\mathrm{d}i_{gb}}{\mathrm{d}t} = -R_g i_{gb} + U_{DC}\left(S_b - \dfrac{S_a + S_b + S_c}{3}\right) - e_{gb} \\[3mm]
L_g \dfrac{\mathrm{d}i_{ga}}{\mathrm{d}t} = -R_g i_{ga} + U_{DC}\left(S_a - \dfrac{S_a + S_b + S_c}{3}\right) - e_{ga} \\[3mm]
C \dfrac{\mathrm{d}U_{DC}}{\mathrm{d}t} = -S_a i_{ga} - S_b i_{gb} - S_c i_{gc} + i_{PV}
\end{cases}
\tag{1-15}
$$

一般变流器工作时，电力电子器件的开关频率远大于电网的工频频率，若不考虑开关导通关断的瞬态过程，上述开关频率模型可进一步简化为开关周期平均模型。式（1-16）分别用调制比 m_a、m_b、m_c 代替开关函数 S_a、S_b、S_c，可得到网侧变流器的开关周期平均模型，且应满足关系 $m_a + m_b + m_c = 0$。

$$
\begin{cases}
L_g \dfrac{\mathrm{d}i_{ga}}{\mathrm{d}t} = -R_g i_{ga} + m_a U_{DC} - e_{ga} \\[2mm]
L_g \dfrac{\mathrm{d}i_{gb}}{\mathrm{d}t} = -R_g i_{gb} + m_b U_{DC} - e_{gb} \\[2mm]
L_g \dfrac{\mathrm{d}i_{ga}}{\mathrm{d}t} = -R_g i_{ga} + m_c U_{DC} - e_{ga} \\[2mm]
C \dfrac{\mathrm{d}U_{DC}}{\mathrm{d}t} = -m_a i_{ga} - m_b i_{gb} - m_c i_{gc} + i_{PV}
\end{cases}
\tag{1-16}
$$

式（1-16）所得实际为参考三相 abc 静止坐标轴的网侧变换器动态数学模型，式中时变交流分量的存在使得模型相对复杂，不利于控制系统设计的进行。可以采用矢量变换的方法，利用三相静止坐标轴与两相同步坐标轴的坐标轴变换，将模型中正弦时变分量转化为直流量以简化控制系统结构。式（1-17）为三相静止坐标轴向两相同步坐标轴变换公式，即 Park-Clarke 变换：

$$\begin{bmatrix} x_d \\ x_q \end{bmatrix} = \begin{bmatrix} \cos\theta & \cos\left(\theta - \dfrac{2\pi}{3}\right) & \cos\left(\theta + \dfrac{2\pi}{3}\right) \\ -\sin\theta & -\sin\left(\theta - \dfrac{2\pi}{3}\right) & -\sin\left(\theta + \dfrac{2\pi}{3}\right) \end{bmatrix} \begin{bmatrix} x_a \\ x_b \\ x_c \end{bmatrix} \tag{1-17}$$

经过变换后，式（1-16）所示模型可由三相 abc 静止坐标轴的形式转化为旋转 dq 坐标轴下的形式（坐标轴旋转角速度为 ω_g）：

$$\begin{cases} L_g \dfrac{\mathrm{d}i_{gd}}{\mathrm{d}t} = -R_g i_{gd} + m_d U_{\mathrm{DC}} - e_{gd} + \omega_g L_g i_{gq} \\ L_g \dfrac{\mathrm{d}i_{gq}}{\mathrm{d}t} = -R_g i_{gq} + m_q U_{\mathrm{DC}} - e_{gq} - \omega_g L_g i_{gd} \\ C \dfrac{\mathrm{d}U_{\mathrm{DC}}}{\mathrm{d}t} = \dfrac{3}{2}(-m_d i_{gd} - m_q i_{gq}) + i_{\mathrm{PV}} \end{cases} \tag{1-18}$$

式中，m_d、m_q 为变换后旋转 dq 坐标轴下的调制比。

式（1-18）所示为旋转 dq 坐标轴下网侧变换器的动态数学模型。同步旋转坐标轴下，d 轴与 q 轴的微分方程之间相互影响，这是由交叉耦合项 $\omega_g L_g i_{gq}$、$\omega_g L_g i_{gd}$ 所决定的。经过拉氏变换同步旋转坐标轴下的网侧变流器模型结构如图 1-32 所示。

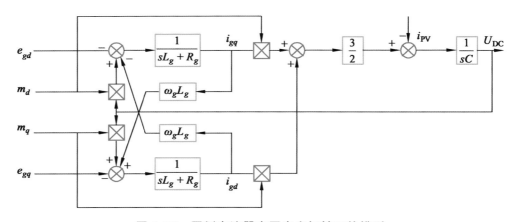

图 1-32　网侧变流器在同步坐标轴下的模型

由图 1-32 可以看出，在同步旋转坐标轴中，网侧逆变器的数学模型在 dq 轴存在交叉耦合，为实现 dq 轴的解耦控制，常使用较为简单的前馈解耦控制策略。在网侧变流器输出交流电压中分别引入前馈项 $+L_g\omega_g I_{gd}(s)$ 以抵消模型中的耦合项，实现 dq 轴间解耦。前馈解耦实际上是一种开环解耦方案，其控制简单且不影响系统稳定性。但前馈解耦的性能取决于系统参数，因而难以实现完全解耦，实际上是一种削弱耦合的补偿控制。

1.7　并网光伏发电系统逆变器控制策略

光伏并网逆变器将光伏电池输出有功送入电网，实现光伏阵列与电网的功率平衡，并控制输出功率因数。区别于风电变流器，光伏机组不存在机侧变流器，MPPT 与并网功率控制均需通过并网逆变器实现。单级式光伏逆变器中不存在直流升压斩波环节，MPPT、直流电压控制与并网功率控制均需通过网侧变流器实现，采用的控制结构如图 1-33 及图 1-34 所示。

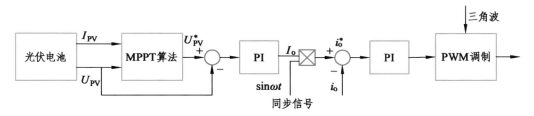

图 1-33　单级式光伏并网逆变器的三环控制结构

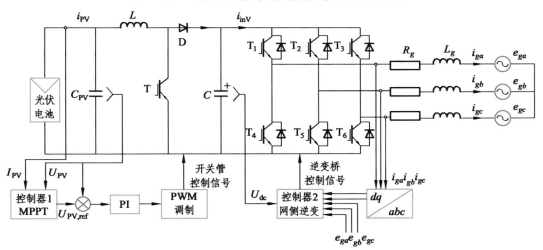

图 1-34　双级式光伏并网逆变器基于前级 Boost 电路的 MPPT 控制结构

在三环控制方案中，电流内环主要由电网电压与电流采样环节、电网同步环节、电流调节器、PWM 调制与驱动环节组成，以实现直流到交流的逆变与网侧单位功率正弦波电流控制；直流电压中环主要由直流母线电压检测和电压调节器组成，以调节直流母线电压；MPPT 功率外环由输入功率采样环节与功率点控制环节组成，通过直流电压中环的电压调节来搜索光伏电池的最大功率点（Maximum Power Point，MPP），维持系统运行于 MPPT。

1.7.1　光伏发电系统最大功率点追踪控制

并网光伏发电系统中，光伏电池利用率除与光伏电池内部特性有关外，还受到使用环境如辐射强度、负载和温度等因素的影响。在不同的外部条件下，光伏电池可运行在不同且唯一的最大功率点上。对于并网光伏发电系统而言，应当寻求光伏电池的最优工作状态，最大限度地将光能转化为电能。利用控制手段实现光伏电池输出最大功率的技术被称为最大功率点追踪（Maximum Power Point Track，MPPT）。在单级式并网光伏发电系统中，MPPT 控制连同电网电压同步、输出电流控制均由网侧变流器控制实现。而在双级式并网发电系统中，可实现 MPPT 与并网电流/直流电压的解耦控制，MPPT 通过前级 Boost 电路独立完成。

传统的 MPPT 按照判断方法和准则的不同可分为开环和闭环 MPPT 方法。开环 MPPT 方法根据外界温度、光照和负载变化对光伏电池输出特性曲线的影响开环控制光伏电池输出的电压和电流。常用的简单开环控制方法主要包括定电压追踪法、短路电流比例系数法和插值计算法。这一类方法简易可行，但对光伏电池的输出特性依赖性较强、效率较低，实际中常与闭环 MPPT 方法配合使用。闭环 MPPT 方法通过对光伏电池输出电压和电流值的实时测量，采用闭环控制方法实现 MPPT，使用最广泛的自寻优算法，即属于闭环 MPPT 方法。典型的自寻优 MPPT 算法包括扰动观测法和电导增量法。

扰动观测法（Perturbation and Observation Method，P&O）是实现 MPPT 最常见的闭环控制方法之一。其基本思想是：在光伏电池的输出电压（或电流）上人为增加扰动，观测光伏电池的输出功率变化，根据变化趋势连续改变电压（或电流）的扰动方向，使光伏电池最终工作于最大功率点。扰动观测法概念清晰简单，被测参数易于通过数字电路实现，并在外部条件变化缓慢的情况下快速实现最大功率点追踪。但其也存在明显的缺点：

（1）当外部条件变化迅速、幅度较大时，P&O 算法由于动态性能不佳，无法快速跟踪到 MPPT。这是由于 P&O 算法需要依靠来自电气特性上的周期性扰动，对每次电路扰动都得及时检测与计算，尤其是 P&O 算法要对光伏阵列特征参数进行平均值求导，大大降低了算法的计算速度和响应速度。

（2）定步长扰动观测法存在振荡问题。光伏阵列维持在 MPP 工作但系统已工作在 MPPT 时，控制系统仍会周期性产生人为扰动，打破原系统的稳定运行，造成能量损失。

（3）扰动观测法在光照条件变化剧烈的情况下会出现误判情况，使得实际工作点持续偏离 MPPT。

电导增量法（Incremental Conductance Method，INC）采用光伏电池的电导和电导变化率的变化关系作为搜索判据，在理论上可以弥补扰动观测法的缺点，提升 MPPT 方法的跟踪精度。图 1-35 所示为光伏阵列 P-U 特性曲线及 dP/dU 变化特征。

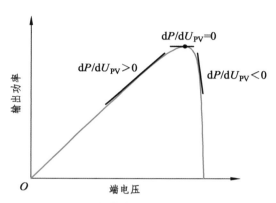

图 1-35　光伏阵列特性的变化特征

根据光伏阵列输出功率-电压关系 $P = U_{PV}I$，可得：

$$\frac{dP}{dU_{PV}} = I + U_{PV}\frac{dI}{dU_{PV}} \tag{1-19}$$

由图 1-35 可知，当 $dP/dU_{PV} = 0$ 时，光伏阵列输出功率达到最大。由式（1-19）可知光伏电池工作于 MPP 时的等式关系为：

$$\frac{dI}{dU_{PV}} = -\frac{I}{U_{PV}} \tag{1-20}$$

实际中采用 $\Delta I / \Delta U_{PV}$ 近似替代 dI/dU_{PV}，采用电导增量法（INC）进行最大追踪点的判据如下：

$$\begin{cases} \dfrac{\Delta I}{\Delta U_{PV}} > -\dfrac{I}{U_{PV}}，最大功率点左边 \\[2mm] \dfrac{\Delta I}{\Delta U_{PV}} = -\dfrac{I}{U_{PV}}，最大功率点 \\[2mm] \dfrac{\Delta I}{\Delta U_{PV}} < -\dfrac{I}{U_{PV}}，最大功率点右边 \end{cases} \tag{1-21}$$

如图 1-36 所示为定步长电导增量法流程。其中，ΔU 为每次系统调整工作点时固定的电压改变量（步长），U_{ref} 为下一工作点电压。从图中可以看出，计算出 ΔU 之后，对其是否为零进行判定，此时流程图出现两个分支，其中左分支与上述分析相吻合；而右分支主要是为抑制当外部辐射度发生突变时误判而设置的。

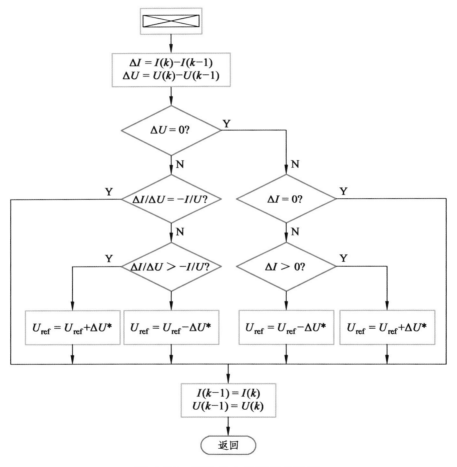

图 1-36 定步长电导增量法流程

采用电导增量法的主要优点是 MPPT 的控制稳定度高，当外部环境参数变化时，系统可平稳地追踪其变化，且与光伏电池的特性及参数无关。但电导增量法对控制系统的要求相对较高，且电压初始化参数对系统启动过程的追踪性能有较大影响，若设置不当，则可能产生较大的功率损失。

1.7.2　光伏发电系统网侧变流器控制

对于网侧逆变器，典型的并网控制策略是通过对逆变器输出电流矢量的控制实现并网与网侧有功、无功的控制。并网逆变器交流侧稳态矢量关系如图 1-37 所示。

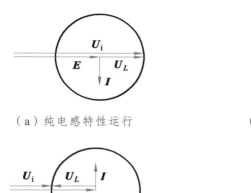
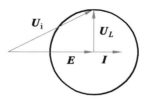

（a）纯电感特性运行　　　　　　　　　　（b）单位功率因数逆变运行

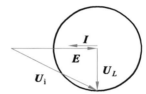

（c）纯电容特性运行　　　　　　　　　　（d）单位功率因数整流运行

图 1-37　逆变器交流侧稳态矢量关系

图 1-37 中，E 表示电网电压矢量；U_L 表示滤波电感上的电压矢量；U_i 表示逆变器桥臂输出级即逆变侧电压矢量；I 表示输出电流矢量，图中忽略了输出滤波 L 上的等效电阻 R。由该矢量图可分析出电网电压、滤波电感电压与逆变器输出电压之间的矢量关系：

$$U_i = U_L + E \qquad (1-22)$$

考虑到稳态时 $|I|$ 不变，则 $|U_L| = \omega L |I|$ 也维持恒定值，此时并网逆变器交流侧电压矢量的端点形成一个以矢量 E 端点为圆心、以 $|U_L|$ 为半径的矢量圆。因此，通过控制并网逆变器交流侧电压矢量的幅值与相位，即可控制电感电压矢量的幅值和相位，进而控制输出电流矢量的幅值与相位。

图 1-37 所示的关系对应了光伏并网逆变器运行的 4 种状态：纯电感特性运行、单位功率因数逆变运行、纯电容特性运行及单位功率因数整流运行。实际上，当控制逆变器输出电流使电网电压同相位时，即可实现单位功率因数运行；当控制并网逆变器的输出电流使之超前于电网电压时，即可在并网发电的同时实现无功功率补偿。由此可见，实现并网电流控制，实质上实现了并网逆变器输出有功功率与无功功率的控制。

并网逆变器的并网控制原理可概括为：

根据并网控制给定有功、无功功率以及电网电压矢量，计算出所需输出电流矢量 I^*；

根据式（1-22）并考虑 $U_L=\mathrm{j}\omega LI$ 可计算出并网逆变器交流侧输出电压矢量指令 U_i^*，即 $U_\mathrm{i}^*=E+\mathrm{j}\omega LI^*$；

通过 SPWM 或 SVPWM 控制使并网逆变器交流侧按照指令输出所需的电压矢量，以此进行并网电流控制。

上述控制方法通过控制并网逆变器交流侧电压矢量来间接控制并网电流矢量，一般称为间接电流控制。这种控制方式省略了电压检测环节且控制简单，但其对系统参数变化敏感、动态响应速度慢且缺少电流反馈环节，无法保证电压品质。在间接电流控制的基础上，根据系统动态数学模型构造电流闭环控制系统，提出了直接电流控制的方案，提升了控制系统的动态响应速度与系统的健壮性，且保证了输出电流的质量。

在直流电流控制的基础上，根据矢量定向的不同可将并网逆变器的控制策略分为基于电网电压矢量定向与基于虚拟磁链定向两类；根据控制变量的不同可分为基于电流闭环的矢量控制与基于功率闭环的直接功率控制两类。

四类控制策略中，两类基于电压定向的控制策略根据电网电压矢量进行定向，通过控制矢量实现逆变器输出有功功率与无功功率的控制。电网电压矢量定向的缺点在于实际电网电压中的谐波分量会使得基波电压定向产生偏差而影响有功功率、无功功率的控制性能。采用基于虚拟磁链控制的方法，利用磁通的积分特性实现了对谐波分量的抑制，但积分漂移问题也可能影响控制的准确性。

两类直接功率控制（Direct Power Control，DPC）选取并网逆变器的有功功率与无功功率实现控制。采用直接功率控制时，省略了电流环节与 PWM 调制环节，直接根据有功功率、无功功率指令值与估计值之间的瞬时误差确定开关表，根据开关表近似选取变换器的开关状态。直接功率控制算法简单，但对采样频率要求高。

在一般的光伏并网逆变器中，常采用基于电压定向的矢量控制（Voltage Oriented Control，VOC）。在考虑控制系统设计的情况下，需要参照基于同步坐标轴下逆变器的数学模型进行结构设计。

通常，电压定向控制将同步旋转坐标轴的 d 轴与电网电压矢量 E 重合，这样在同步旋转坐标轴中基波的空间矢量为恒定分量，其他谐波空间矢量则存在脉动分量。而并网逆变器的目的在于输出标准正弦电流，这要求基于同步坐标轴的参考电流分量为直流量。基于电网电压定向的并网逆变器输出电流矢量如图 1-38 所示。

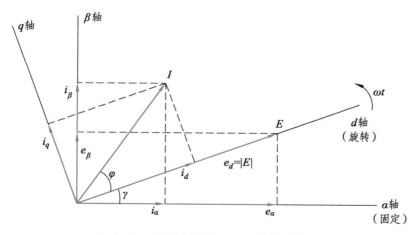

图 1-38　基于电网电压定向的矢量控制

　　控制参考电流 d 轴分量可实现对有功功率的控制及直流母线电压的调节，而控制参考电流 q 轴分量可实现对无功功率的控制。通常光伏电站为保证单位功率因数运行，入网电流矢量与电网电压矢量应保持同相位。根据瞬时功率理论，并网逆变器所产生的有功功率与无功功率应为：

$$\begin{cases} p = \dfrac{3}{2}(e_d i_d + e_q i_q) \\ q = \dfrac{3}{2}(e_d i_q - e_q i_d) \end{cases} \tag{1-23}$$

　　根据电网电压矢量定向，e_q 为零，可将上式简化为：

$$\begin{cases} p = \dfrac{3}{2} e_d i_d \\ q = \dfrac{3}{2} e_d i_q \end{cases} \tag{1-24}$$

　　由上式可知，有功功率与无功功率应与逆变器参考电流的 d、q 轴分量 i_d、i_q 成正比。在电网电压不变的情况下，通过调节 i_d、i_q 可以实现并网逆变器输出功率的调节。

　　基于电网电压定向的矢量控制系统控制框图如图 1-39 所示。图中，并网逆变器直流侧输入有功功率的瞬时值应为 $p = i_{PV} u_{DC}$，不考虑直流电容元件的时延作用以及逆变器损耗的情况下，直流母线两侧功率应有平衡关系：$i_{PV} u_{DC} = p = 3/2 e_d i_d$。在电网电压不变且忽略逆变器能量损耗的情况下，光伏阵列输出电流保持定值，逆变器直流侧母线电压 u_{DC} 应与逆变器输出功率成正比，逆变器输出功率应与逆变器输出电流参考值 d 轴分量成正比，因此通过 i_d 的控制可实现对直流母线电压的控制。

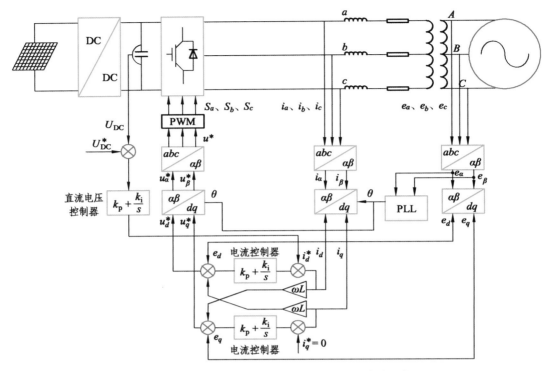

图 1-39　基于电网电压定向的矢量控制系统控制框图

　　图 1-39 中，控制系统由直流母线电压外环和有功、无功电流内环组成。直流电压外环起到稳定和调节直流电压的作用。引入直流电压反馈并通过一个直流电压 PI 控制器，即可实现直流母线电压的无静差控制，直流电压 PI 控制器的输出量即为有功电流内环的电流参考值 i_d^*，从而对并网逆变器输出有功功率进行调节。无功电流内环参考值 i_q^* 可根据无功功率指令值 Q^*，通过公式 $Q^* = e_d i_q^*$ 计算而得。一般情况下，光伏电站要求光伏机组运行在单位功率因数状态，因而 $i_q^* = 0$。电流内环在 d、q 坐标轴中实现控制，并网逆变器输出电流的检测值 i_a、i_b、i_c 经过 $abc/\alpha\beta/dq$ 的坐标变换转化为同步旋转坐标轴下的直流量，将其与电流内环的电流参考值 i_d^*、i_q^* 进行比较，通过相应的 PI 控制器实现对 i_d、i_q 的无静差控制。电流内环控制器的输出信号经过 $dq/\alpha\beta/abc$ 逆变换后，通过 PWM（脉宽调制）得到并网逆变器的开关驱动信号 S_a、S_b、S_c，实现逆变器的并网控制。

第 2 章

±30 kV DC/DC 直流升压
变换设备研制

大功率、高变比光伏直流升压变流器是接入系统的关键设备。本章针对光伏直流升压汇集接入系统需求，研制两种变换设备：集中型光伏直流升压变换器和串联型光伏直流升压变换器。大功率、高变比光伏直流升压变流器由模块串并联组成。本章首先介绍直流升压变流器的总体结构；然后介绍统一电路结构的模块研制，研究隔离型电路拓扑及宽范围软开关技术；接着介绍输入并联、输出串联（Input Parallel Output Series，IPOS）结构的两种直流变换器和变流器的控制保护技术；最后对样机开展试验，并给出试验结果。

2.1　直流升压变流器总体结构概述

直流升压变换器具有高变比的特点，工程中要求电压变比超过 60 倍，仅依靠单个变换器模块难以实现如此高的变比。而电力电子系统集成是指采用集成系统的方法，将具有通用性的标准化功能模块像堆积木一样组合在一起，方便构成适合各种不同的应用场合和要求的电能变换系统。系统级集成有很多种类，其中，IPOS 组合变换器（见图 2-1），即输入并联、输出串联组合变换器，适用于输出电压与输入电压之比较高的中大功率场合，可以用输出电压较低的模块组成输出电压较高的系统。其具有以下优点：

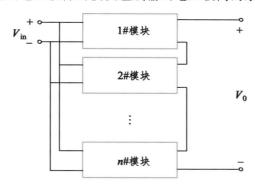

图 2-1　输入并联、输出串联（IPOS）组合变换器结构

（1）n 个模块中，每个模块输入电流为总的输入电流的 $1/n$，可大幅降低开关器件的电流应力。

（2）每个模块输出电压为总的输出电压的 $1/n$，输出侧可以采用电压等级较低的功率二极管，有利于选择合适的二极管。

（3）变换器的变压器匝比较小，可以减小绕组之间的电容。

（4）每个模块提供的输出功率为总的输出功率的 $1/n$，单个模块设计和系统设计更简单。

（5）若采用交错控制技术，由于电流纹波抵消效应可大大减少组合变换器的输入电流纹波，由此可以减小输入滤波器；由于电压纹波抵消效应，可以减小输出电压纹波。在相同的输出电压纹波要求下，输出滤波电容可以大大减小，由此可以提高功率密度。

2.2 大功率、高变比光伏直流升压变换模块研制

为适应光伏阵列输出电压宽范围随机变化特性和模块高变比升压需求，研究BFBIC 隔离型电路拓扑及宽范围软开关技术，对于集中型和串联型两种变流器所使用的模块，提出采用统一机械结构、统一电路的结构化、标准化模块方案，设计统一的模块低压侧电路参数，并对其关键器件进行参数优化，只保留变压器、硅堆、高压电容等不控器件有所差别，形成模块化的硬件设计方案，最大限度地简化两种模块的设计和加工过程，降低研发风险。

2.2.1 Boost 全桥隔离型变换模块的工作原理

变换模块是高压变换器的基本模块。Boost 全桥隔离型变换器的电路拓扑如图 2-2 所示。图中忽略了包括开关管等效参数在内的电路集成参数，以及变压器的励磁回路。其中，L_r 为变压器漏电感。

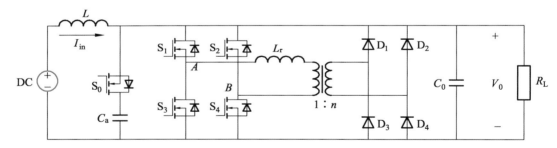

图 2-2 Boost 全桥隔离型变换模块拓扑

为了分析变换器在稳态下的工作模态，现做如下假设：

（1）升压电感 L 足够大，流过电感 L 的电流为稳定的直流 I_{in}。

（2）输出端电容 C_0、箝位电路电容 C_a 足够大，电压值恒定。

（3）开关管、整流二极管为理想器件。

变换器稳态情况下时序图如图 2-3 所示。对角开关管的控制信号完全相同。箝位电路开关管 S_0 在有两个开关管导通的时间段导通。一个控制周期内，$t_1 \sim t_{13}$ 内的电路状态如图 2-4（a）～（f）所示。

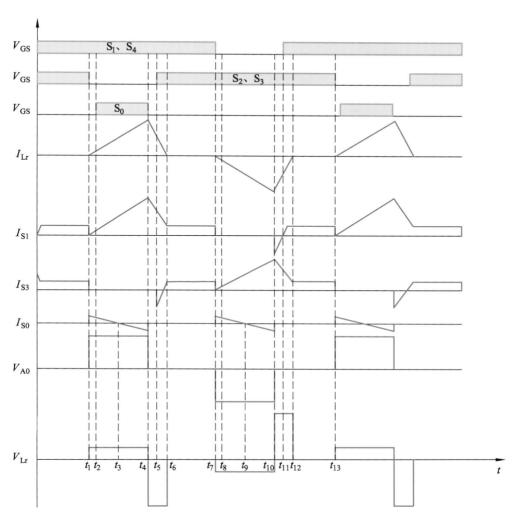

图 2-3 隔离全桥电路工作波形

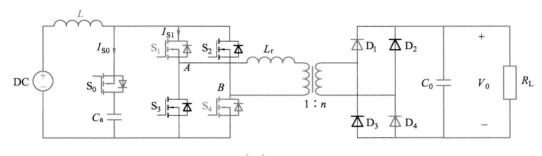

（a）$t_1 \sim t_4$

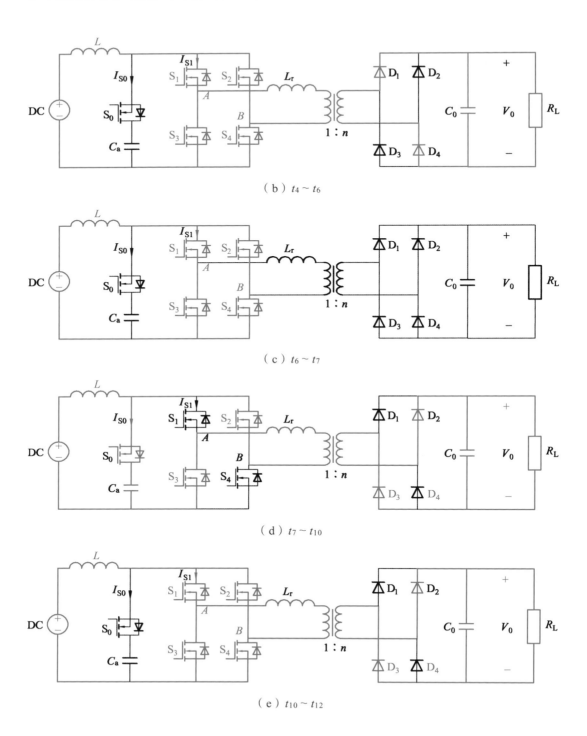

（b）$t_4 \sim t_6$

（c）$t_6 \sim t_7$

（d）$t_7 \sim t_{10}$

（e）$t_{10} \sim t_{12}$

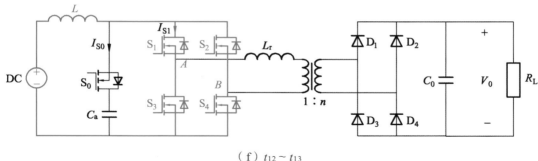

（f）$t_{12} \sim t_{13}$

图 2-4　隔离全桥电路拓扑不同阶段变换器电路状态图

$t_1 \sim t_4$ 阶段：开关管 S_1、S_4 开通，变压器原边电压为正，大小等于箝位电路电容电压 V_{Ca}。漏感电流流过开关管 S_1 和 S_4，电流从 0 开始逐渐增大到 2 倍输入电流（$2I_{in}$）。电流增加的斜率如下：

$$\frac{\mathrm{d}i_{Lr}}{\mathrm{d}t} = \frac{V_{Ca} - V_0 / n}{L_r} \qquad (2\text{-}1)$$

式中，V_{Ca} 为箝位电容电压；V_0 为变换器输出电压；L_r 为折合到变压器一次侧的漏感；n 为变压器变比。

流过箝位电路的电流从正的输入电流 I_{in} 逐渐减小，在 t_3 时刻减小到 0，在 t_4 时刻达到反向最大值 $-I_{in}$。二极管 D_1、D_4 导通，电路向输出端电容 C_0 和等效负载电路 R_L 传递功率。

在 t_2 瞬间，箝位电路开关管 S_0 开通，由于此刻电流流过 S_0 的反并联二极管，管压降为 0，实现 ZVS 软开通。

$t_4 \sim t_6$ 阶段：漏感电流从最大值 $2I_{in}$ 快速减小到 0。

t_4 时刻，箝位电路开关管 S_0 关断，箝位电路电流 I_{S0} 减小到 0，由于变压器漏感电流 I_{Lr} 不能突变，开关管 S_2、S_3 出现反向电流，二极管 D_1、D_4 继续导通。随后漏感电流快速减小，变压器原边电压为 0，副边电压等于输出电压 V_0，储存在变压器漏感中的能量通过二极管传递到输出电容 C_0 和等效负载 R_L。漏感电流变化率由下式决定：

$$\frac{\mathrm{d}i_{Lr}}{\mathrm{d}t} = -\frac{V_0 / n}{L_r} \qquad (2\text{-}2)$$

t_6 时刻，漏感电流减小到 0，二极管全部阻断。

t_5 时刻，开关管 S_2、S_3 开通，由于此刻电流流过 S_2、S_3 的反并联二极管，管压降为 0，实现 ZVS 软开通。

$t_6 \sim t_7$ 阶段：开关管 S_1、S_2、S_3、S_4 全部导通，电源通过 4 个开关管给升压电感充电，每个开关管的电流值为输入电流 I_{in} 的一半。

$t_7 \sim t_{10}$ 阶段、$t_{10} \sim t_{12}$ 阶段和 $t_{12} \sim t_{13}$ 阶段与上述一致，此处不再赘述。

由以上工作模态的分析可知，若定义开关管 $S_1 \sim S_4$ 导通的时间与控制周期之比为占空比 D，变换器稳定工作要求占空比 D 大于 0.5，根据输入电感 L 两端的伏秒积平衡原理可知，箝位电容的工作电压由下式决定：

$$V_{Ca} = \frac{V_{in}}{2(1-D)} \tag{2-3}$$

式中 V_{in}——输入电压；

D——控制信号占空比。

输出平均电流即为漏感电流 I_{Lr} 整流后的平均电流。从以上分析及图 2-3 可知，在 $t_1 \sim t_6$ 时间段内电流 I_{Lr} 不为 0，电流波形呈现三角波形式且峰值为 $2I_{in}$。$t_1 \sim t_4$ 时间为 $(1-D)T$，其中，T 为开关周期。$t_4 \sim t_6$ 时间为 $2I_{in}L_r/(V_0/n)$，故输出平均电流为

$$I_o = \frac{2I_{in}[(1-D)T + 2nI_{in}L_r/V_0]}{nT} \tag{2-4}$$

假定输出电压为 V_0，则输出功率为

$$P_o = 2I_{in}[V_0(1-D)/n + 2I_{in}L_r/T] \tag{2-5}$$

设负载电阻为 R_L，则输出功率为

$$P_o = \frac{V_0^2}{R_L} = V_{in}I_{in} \tag{2-6}$$

由此可计算得到确定变换器变比 $M = V_0/V_{in}$ 的方程如下：

$$1 = 2(1-D)/nM + \frac{4L_r}{R_L T}M^2 = 2(1-D)/nM + \frac{2Z_r}{R_L \pi}M^2 \tag{2-7}$$

式中，M 的平方项系数中 Z_r 相当于变压器漏感在开关频率下的阻抗，其值远小于负载电阻 R_L，因此可将其忽略，即 H 桥-变压器-整流桥组成的隔离电路对外呈现出硬特性。变换器模块的电压变比由下式确定：

$$M = \frac{n}{2(1-D)} \tag{2-8}$$

由式（2-8）可见，变换器模块的电压增益由占空比 D 唯一确定，由此可通过条件占空比 D 实现宽电压输入范围。

2.2.2　Boost 全桥隔离型变换模块参数选择

通过对比分析常见的隔离 DC/DC 设备拓扑，选取 Boost 全桥隔离拓扑（BFBIC）作为主电路拓扑结构。如图 2-5 所示为 BFBIC 直流并网变换器拓扑结构。由图可见，需要选择的重要设备参数包括输入吸收电容、箝位电容、滤波电感，其中最重要的核心器件是隔离高频变压器。

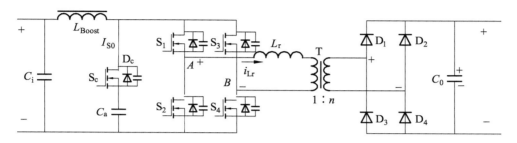

图 2-5　隔离升压全桥变换器拓扑结构

电路主要参数选取方式如下：

1．关键参数选择

1）输入吸收电容

输入吸收电容和输出吸收电容的选择原则一样，即在一个开关周期内，保证电压波动 ≤5%，则存在：

$$\frac{1}{2}C_i\{U_i^2-[U_i(1-5\%)]\} \geqslant P_i t \tag{2-9}$$

式中，U_i 表示输入电压；P_i 表示输入功率。

2）箝位电容

在充电过程中，箝位电容电压升高，根据充电电流和充电时间，箝位电容电压可以表达为：

$$U_{q\max} \geqslant \frac{i_L(1-D+D_e)T}{C_q}+U_q \tag{2-10}$$

由此可以得到：

$$C_q \geqslant \frac{i_L(1-D_{\min}+D_{e\min})T}{U_{q\max}-U_q} \tag{2-11}$$

可见，当箝位电容取值较小时，容易造成其最大电压过高而损坏电容或箝位开关。

3）滤波电感

根据电路的工作模式，输入滤波电感 L_{Boost} 的数值应使输入电流保持连续，输入电流连续时的最小值为：

$$i_{LBoost\_min} = \frac{V_i T}{2 L_{Boost}} D_i (1 - D_i) \qquad (2\text{-}12)$$

所以输入电感值为：

$$L_{Boost} \geqslant \frac{V_i T}{2 i_{LBoost\_min}} D_i (1 - D_i) \qquad (2\text{-}13)$$

2．高频变压器

高频变压器作为 BFBIC 变换器的核心器件，在系统中起到升压与电气隔离的作用。高压大功率高频变压器的铁心材料选择及形状设计、漏感等参数设计、耐压等级及绝缘方案设计都至关重要。

1）磁芯选择

变压器磁芯主要使用软磁材料，常用的有铁氧体、纳米晶体合金、非晶体合金、坡莫合金、铁粉磁芯等，其典型模型的磁特性和工作特性如表 2-1 所示。

表 2-1　典型模型的磁特性和工作特性

材料	铁氧体	纳米晶体合金	非晶体合金	坡莫合金	铁粉磁芯
模型	Epcos N87	Viroperm500F	Metglas2605	Magnetics Permalloy80	Micro-metals
磁导率/（H/m）	2 200	1 500	1 000 ~ 15 000	20 000 ~ 50 000	75
B_{peak}/T	0.49	1.2	1.56	0.82	0.6 ~ 1.3
ρ/$\mu\Omega \cdot m$	107	1.15	1.3	0.57	106
居里温度 T_C/°C	210	600	399	460	665
P_{Fe}/（mW/cm³）	288 (0.2 T, 50 kHz)	312 (0.2 T, 100 kHz)	366 (0.2 T, 25 kHz)	12.6 (0.2 T, 5 kHz)	1 032 (0.2 T, 10 kHz)
K_C	16.9	2.3	1.377	0.448	1798
α	1.25	1.32	1.51	1.56	1.02
β	2.35	2.1	1.74	1.89	1.89

　　观察表中数据可发现，铁粉磁芯的磁导率较低，主要用于高频电感；坡莫合金的特点是在弱磁场下有较高的磁导率，但在大功率时磁导率下降明显，适合应用于电子电路中；非晶体合金材料相比纳米晶体合金材料来说不具有很高的温度稳定性，更适合中低频应用中；磁特性较为接近的是铁氧体和纳米晶体合金材料。纳米晶体合金材料由超微细的晶体构成，被制成厚度为 15～25 μm 的纳米带形式，因此制造工艺较为复杂，很容易因为工艺问题导致磁芯出现热点温度，长期运行后容易发生故障，并且不容易检测；而铁氧体磁芯采用整体烧结工艺压制成形，材料性质较为均匀，工艺相对简单，故选用铁氧体磁芯。

　　应用于变压器领域的铁氧体磁芯的主要牌号有 LP1、LP3、LP3A、LP4、LP5、LP9、LP13 等，不同牌号的材料性质也略有差异，如表 2-2 所示。不同牌号铁氧体初始磁导率和温度的关系、初始磁导率和频率的关系、温度和功率损耗的关系分别如图 2-6、图 2-7、图 2-8 所示。

表 2-2　不同牌号的材料性质

特性	LP1	LP3	LP3A	LP13	LP4	LP5	LP9
初始磁导率 μ_i/（H/m）	3 000	2 300	2 200	2 700	2 000	1 600	3 300
饱和磁通密度 B_s/mT（100 ℃）	380	390	390	410	440	380	410
剩磁 B_r/mT	120	130	110	90	130	140	90
矫顽力 H_e/（A/m）	12	13	10	9	13	30	9
功率损耗 P_c/（kW/m³）（0.2 T，100 kHz，100 ℃）	420	450	375	350	400	500	350
居里温度 T_c/℃	220	200	200	210	250	230	210
密度 d/（kg/m³）	4.8×10^3	4.8×10^3	4.8×10^3	4.8×10^3	4.9×10^3	4.75×10^3	4.8×10^3

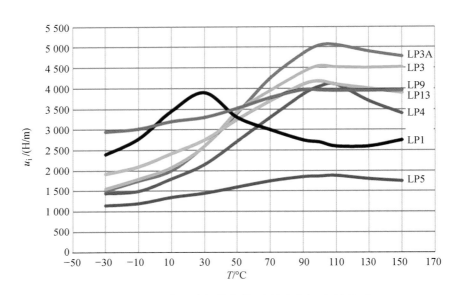

图 2-6　不同牌号铁氧体初始磁导率和温度的关系

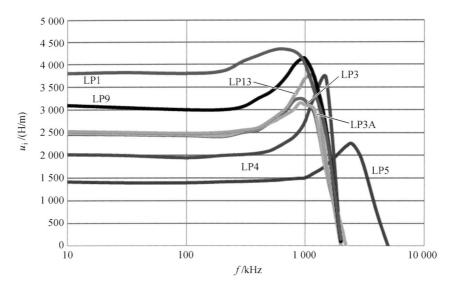

图 2-7　不同牌号铁氧体初始磁导率和频率的关系

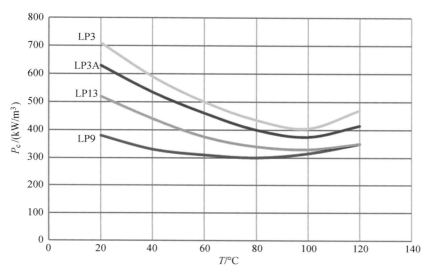

图 2-8　不同牌号铁氧体温度和功率损耗的关系

观察图 2-6 ~ 图 2-8 及表中数据可以发现，LP9 牌号在初始磁导率、饱和磁通密度和功率损耗方面优势较为明显，故变压器磁芯选用铁氧体 LP9 材料。

2）漏感设计

漏感是高频高压变压器的一项重要技术指标，其对开关电源的性能影响很大。由于漏感的存在，开关器件截止瞬间会产生反电动势，很容易造成开关器件过压击穿。其主要决定因素如下：

$$L = \frac{\mu_0 N_p^2 MLTb}{3w} \tag{2-14}$$

式中，L 为漏感；μ_0 为真空中的磁导率；N_p 为初级线圈匝数；MLT 为平均每匝线圈长度；b 为绕组内外径之差；$MLTb$ 为绕组体积；w 为铁心磁路的总长度。

显然，漏感与绕组所占总体积成正比，与线圈匝数的平方成正比。绕组总体积和线圈匝数的关系可以用下式表示：

$$N_p = \frac{V_p}{K_v B_0 A_c f} \tag{2-15}$$

式中，f 为工作频率；B_0 为最佳磁感应强度，对于确定的铁心材料，B_0 可以由工作频率唯一确定；V_p 为给定的输入电压有效值；K_v 为波形系数，方波取值为 4.0；A_c 为铁心截面面积。

对于确定的电路参数，线圈匝数只与铁心截面面积有关，而铁心截面面积是在设计变压器时确定。因此，当铁心截面面积不变时（如 12 800 mm²），影响变压器漏感的主要因素为平均每匝线圈长度。其关系式为：

$$MLT = 2(x + y) \tag{2-16}$$

平均每匝线圈长度与铁心截面长和宽的关系如图 2-9 所示。当 x 和 y 相等时，平均每匝线圈长度最小。

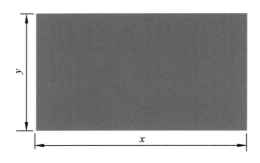

图 2-9　铁心截面面积

值得注意的是，变压器的许多参数都是相互制约、相互联系的。在进行变压器设计时，需要考虑各个参数的优先级。例如，如果要求漏感最小，铁心最好选用正方形的，那么变压器宽度方向的尺寸就会增加，这需要评估变压器和直流变换模块的配合问题，以及对变换器柜体整体尺寸带来的影响。例如，当要求变压器宽度尽可能小时，铁心就要减小 x 方向上的长度、增加 y 方向上的长度，此时变压器漏感就会变大；如果选择增加磁路总长度 w 来维持漏感不变，则铁心体积的增加又会导致铁心损耗的增大。因此，在设计时需要结合实际工况做出综合判断。最终选型的铁心尺寸为 80 mm × 160 mm，计算漏感值为 11 μH，满足技术指标要求。

3）绝缘设计

绝缘设计是变压器设计技术的重要方面之一，尤其是高频高压变压器。合理的设计、绝缘材料的选用、生产过程的控制以及良好的管理，可以保证变压器的质量和可靠性。对于由环氧树脂浇筑的干式变压器，通常会出现两种类型的故障：第 1 种是两电极间贯穿故障，浇注料被击穿，浇注料和绝缘骨架交界面沿面爬电击穿或者二者同时出现；第 2 种是局部放电故障，这种情况不会马上导致击穿，但持续的局部放电会导致绝缘材料劣化，最终引起电极间故障。为了避免出现以上两种情况，本书变压器主要做了两点改进：

（1）加强初、次级线圈自身绝缘。在加强线圈匝间绝缘的同时，还需要对初、次级线圈进行整体处理，包括定形、浸漆、使用亚胺薄膜等绝缘材料加强线圈整体绝缘，避免爬电现象的出现。

（2）使用空气作为初、次级线圈的主绝缘材料。

环氧树脂浇注的变压器在一定程度上缩短了主绝缘距离，但在工艺处理上存在很多不可控因素，如浇注料内存在气泡、尖端等，都可能造成局部放电的发生。本项目变压器在合理范围内牺牲了一些绝缘距离后，可以严格把控变压器在生产装配过程中的各个环节，切实保障变压器设计思路的实现，其结构如图 2-10 所示。

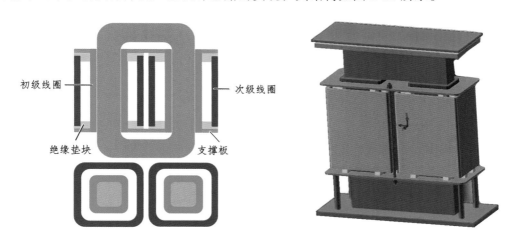

图 2-10　变压器结构设计

初、次级线圈之间，次级线圈与磁芯柱之间的最小绝缘距离 d 表示如下：

$$d = \frac{U}{k_{\mathrm{saf}} E_{\mathrm{ins}}}$$

（2-17）

式中，U 为系统电压；k_{saf} 为安全系数，可理解为设计裕量，取值为 0.8；E_{ins} 为空气的绝缘强度，通常干空气的绝缘强度为 3 kV/mm，考虑到环境因素的影响，取值为 1.5 kV/mm。这样，计算得到的最小绝缘距离为 20 mm。

理论上变压器的绝缘设计主要是分析变压器内部的电场强度分布，通过使电场强度分布更加均匀，进而优化变压器的结构。常用的分析方法有两种：解析法和数值模拟法。解析法是指利用一些计算方法，如镜像法、电解槽模拟法、保交变换法等，通过近似模拟计算，求取电场强度值的方法。这种方法尤其适用于包含少数电极的简单连接区域，而不适用于复杂的模型。数值模拟法是利用计算机把复杂物理系统进行离散化处理，从而求解线性方程组或者偏微分方程组的一种方法，因其可以处理复杂计算、结果精确而得到广泛应用。因此，本书采用数值模拟法仿真变压器内部的场强分布。完成变压器三维建模，对次级线圈加载 30 kV 电压，对初级线圈加载 0 电位，仿真得到的变压器电势分布和电场强度分布如图 2-11、图 2-12 所示。

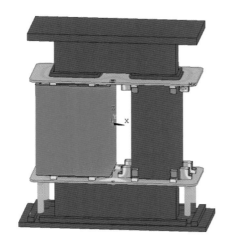

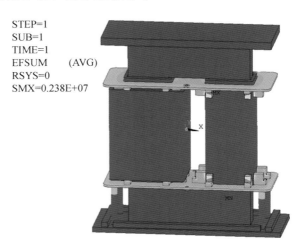

STEP=1
SUB=1
TIME=1
EFSUM   (AVG)
RSYS=0
SMX=0.238E+07

图 2-11 变压器电势分布

图 2-12 变压器电场强度分布

由于变压器结构对称，为便于观察场的分布，隐藏图中的一个次级线圈。从场强计算结果可以看出，变压器内的最大场强值为 0.238×10^7 V/m，折算后的数值为 2.38 kV/mm，满足在空气中场强不超过 3 kV/mm 不会起弧产生局放的要求。从图中还可以发现，场强分布的最大值出现在与次级线圈直接接触的绝缘垫块部分，且在其棱角处，场强畸变更为明显。这一方面是因为在棱角处电势变化剧烈，导致场强突然升高；另一方面是因为在进行有限元建模时，由于计算机数据处理能力的限制，无法对模型进行完全精细化处理，例如，把绝缘垫块的圆角部分直接等效成直角。因此，有限元仿真实际上模拟了电场分布最恶劣的情况，通过对生产工艺的严格把控，变压器内的最大场强应处于更低水平。

4）损耗计算

变压器效率是一项整体考核指标，取决于变压器的整体设计是否合理。变压器的损耗分为线圈损耗和铁心损耗。铁心损耗一般使用通用斯坦梅茨公式计算，但其通常用来计算正弦电流下的损耗。对于电流波形为非正弦的电力电子典型应用，其计算结果往往偏低。改进的斯坦梅茨公式在保留原方程常数 K_C、α、β 的基础上解决了这一问题，其表达式如下：

$$P_{\mathrm{v}} = V_{\mathrm{c}} \frac{1}{T} \int_0^T k_{\mathrm{i}} \left| \frac{\mathrm{d}[B(t)]}{\mathrm{d}t} \right|^{\alpha} |\Delta B|^{\beta-\alpha} \, \mathrm{d}t = V_{\mathrm{c}} k_{\mathrm{i}} |\Delta B|^{\beta-\alpha} \left| \frac{\mathrm{d}[B(t)]}{\mathrm{d}t} \right|^{\alpha} \qquad (2\text{-}18)$$

其中：

$$k_{\mathrm{i}} = \frac{K_{\mathrm{C}}}{2^{\beta-1} \pi^{\alpha-1} \int_0^{2\pi} |\cos\theta|^{\alpha} \, \mathrm{d}\theta} \qquad (2\text{-}19)$$

　　占空比为 D 的输入电压波形如图 2-13 所示。将其分段代入公式（2-18）中进行积分求解，计算得到在占空比为 0.75 时的铁心损耗为 170 W。

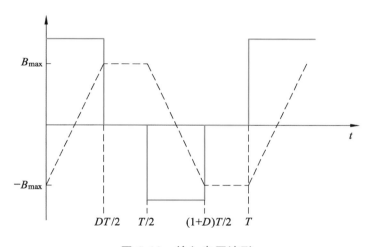

图 2-13　输入电压波形

　　根据绕组匝数计算公式（2-15），计算得到初级线圈匝数为 12 匝。为防止电势跌落，变比需适当提高一些，因此次级线圈匝数选择 72 匝。对于自然冷却的变压器，线圈的电流密度不宜太高，取值为 2 A/mm²，由此可以计算初、次级线圈截面面积。常用计算线圈损耗的方法是通过计算线圈直流电阻和线圈电流有效值得到线圈的损耗功率。但在高频情况下，必须考虑绕组的集肤效应。精确计算线圈交流电阻的公式为：

$$k_{\mathrm{s}} = 0.25 + 0.5\left(\frac{r_0}{\delta_0}\right) + \frac{3}{32}\left(\frac{r_0}{\delta_0}\right) \qquad (2\text{-}20)$$

　　其中，$\dfrac{r_0}{\delta_0} > 1.7$；$k_{\mathrm{s}}$ 为交流电阻和直流电阻的比值；r_0 为裸导线的半径；δ_0 为基波频率

的集肤深度。当频率非常高时，$\delta_0 << r_0$，则有：

$$k_s \approx 0.5\left(\frac{r_0}{\delta_0}\right) = 0.5r_0\sqrt{\pi f \mu_0 \sigma} \tag{2-21}$$

通过计算线圈的交流电阻，最终确定初级线圈采用 0.1 mm 厚的铜箔，次级线圈采用直径为 0.1 mm 的多股绞线，计算得到的线圈损耗为 100 W。

为留有一些裕量，变压器设计容量为 90 kW，计算出来的效率达到 99.7%，满足项目设计要求。

5）温升核验

温升是考核变压器能否稳定运行的一项重要技术指标。温升过高会引起变压器线圈发热、磁芯饱和，最终造成变压器短路，很容易烧坏设备。使用有限元温度场仿真可较准确地模拟出变压器内部的温度场分布，并对热点温度出现的位置加以优化。其基本思路是：对变压器进行整体有限元建模，把计算出的损耗分别以热生率的形式加载至铁心、初级线圈和次级线圈中，再根据不同的散热工况，设置相应的对流散热系数，得到变压器在稳态时的温度分布。如图 2-14 和图 2-15 所示分别是对流散热系数为 5 W/（m²·K）时变压器外壳和内部的温度场分布。从图中可以发现，变压器外壳的最高温度为 334 K，在室温 293 K 条件下的温升为 39 ℃；变压器内部的最高温度为 337 K，温升为 43 ℃，发热较为均匀。其中，低压线圈与铁心接触的部分由于散热条件较差，温度分布最高，因此在设计变压器时，低压线圈的电流密度值应当选取得尽量低，以不超过 2 A/mm² 为宜。

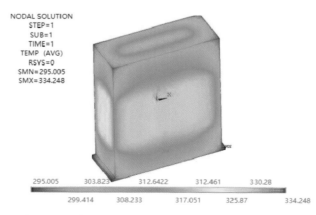

图 2-14　变压器外壳温度场分布 [对流散热系数为 5 W/（m²·K）]

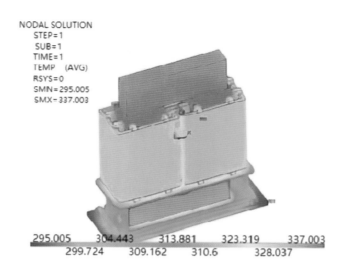

图 2-15　变压器内部温度场分布 [对流散热系数为 5 W/ (m² · K)]

在自然风冷散热条件下，空气的对流散热系数一般为 5 ~ 10 W/ (m² · K)；在极端天气条件下，空气的对流散热系数可能会更低，如图 2-16 和图 2-17 所示分别对应对流散热系数为 2 W/ (m² · K) 时变压器外壳和内部的温度场分布。从图中可以看到，变压器外壳的最高温度为 367 K，内部最高温度为 370 K，温升达到 77 ℃。这种工况下，变压器短期可以正常运行，但长期运行可能会影响到变压器的寿命。

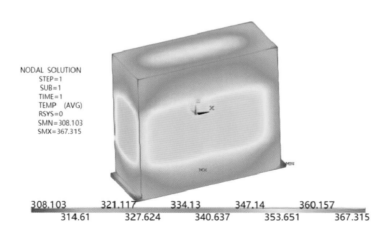

图 2-16　变压器外壳温度场分布 [对流散热系数为 2 W/ (m² · K)]

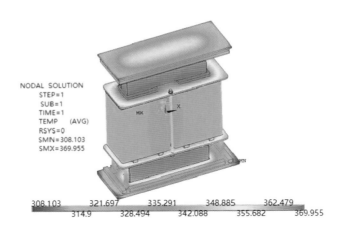

图 2-17　变压器内部温度场分布 [对流散热系数为 2 W/（m^2·K）]

　　最终，研制出来的变压器尺寸为 740 mm × 170 mm × 850 mm，漏感、绝缘、温升和局部放电等各项关键技术指标均满足项目要求。

2.2.3　新型相变冷却功率模块研制

　　为解决 MW 级直流变换器功率模块的绝缘问题与冷却问题，本书利用相变换热以及自循环系统的非能动性优点，提出一种新型的应用于光伏发电设备的相变冷却技术。相变冷却技术是采用低沸点绝缘液体作为冷却介质，利用介质相变吸热原理，实现对发热部件的冷却。同时，由于冷却介质具有化学惰性、不结垢、不燃性、低冰点等特点，可以去掉复杂的水去离子过程，解决冷却介质的绝缘问题。相变冷却自循环系统可自适应运行、无辅助设备、噪声小、占地面积少，在节能和提高可靠性方面具有一定的优势。因此，提出将这一新型相变冷却技术应用于光伏发电系统，利用相变的高效换热以及自循环系统的非能动性优点，解决大功率变流设备的散热问题，同时利用介质的高绝缘性，研究相变介质在 60 kV 等级的光伏直流升压系统的适用性，针对 5 kV/80 kV 功率模块相变冷却技术从沸腾传热及介质绝缘特性两方面开展可行性研究。

　　对 MW 级高功率密度的直流升压变换器用 5 kV/80 kV 功率模块开展相变自循环冷却技术研究。相变自循环冷却系统的原理如图 2-18 所示。自循环冷却系统是由冷凝器、回液管、蒸发器、出气管等部件组成的密闭系统，冷却液体在其内循环。其工作原理：功率器件固定于冷板上并紧密接触，冷却介质在蒸发器内流动，通过热传导吸收功率器件产生的热量，介质温度逐渐升高，当温度达到压力所对应的饱和温度时，冷却介质就会发生相变，沸腾汽化，即由液态转化为气态，气态介质与冷凝器进行热交换，冷凝后的液体自循环回到箱体内，蒸发介质循环往复以达到使功率器件降温的目的。

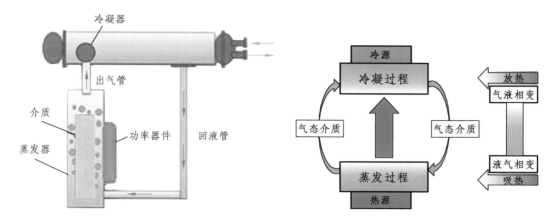

图 2-18 相变自循环系统原理结构

80 kW 功率模块根据工程应用的需求，两相自循环系统在保证稳定性的基础上，尽可能地以提高其热传输能力、降低功率模块温度为目标。本书通过分析不同功率等级和运行环境的功率模块的散热机理，搭建了相变冷却自循环模型试验平台，对冷却介质沸腾两相流动特性进行试验研究，验证相变冷却技术在变换器中应用的冷却效果及其对环境温度的适应性。试验模型如图 2-19 所示，试验结果如图 2-20 所示。

图 2-19 相变冷却自循环试验模型

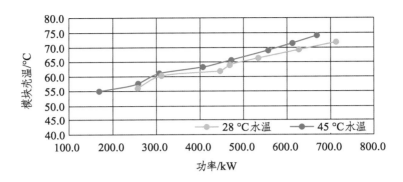

图 2-20 不同二次进水温度下，IGBT 壳温随功率的变化曲线

对 80 kW 功率模块结构提出的整机方案如图 2-21 所示，每个机柜中安装 12 个模块，共同组成 960 kW 的功率柜。

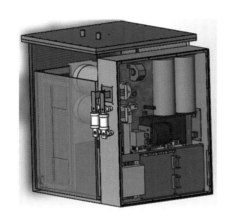 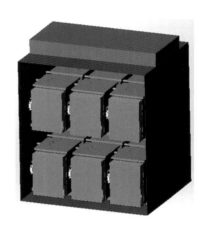

（a）80 kW 模块结构　　　　　　（b）12 个 80 kW 模块组成的机柜结构

图 2-21 相变冷却模块与整机方案

采用相变冷却技术应用于 1 MW 集中型直流升压变换器中的特点：浸泡式冷却模块温度分布均匀、无死区，可以有效带走变压器、硅堆、IGBT 等发热元件的热量；另一方面，冷却介质为惰性液体，耐电压强度较高，可将低压、高压部分整合设计，减小设备体积。

本书研制的 5 kV/80 kW 相变冷却功率模块如图 2-22 所示，模块内部包括低压功率变换部分、高频隔离变压器以及高压硅堆整流部分。模块整体尺寸减小为原来的 1/3，大幅度提高了模块的功率密度。

图 2-22　相变冷却功率模块

80 kW 相变冷却变换器模块耐冲击试验情况如表 2-3 所示，相变冷却功率模块工频耐压试验电压曲线如图 2-23 所示。

表 2-3　冲击试验情况

电压/kV	时间	局放情况
32		<100 pC，无声音
42	>1 min	>800 pC，有很微弱的放电声
60		>3 000 pC，频繁放电声

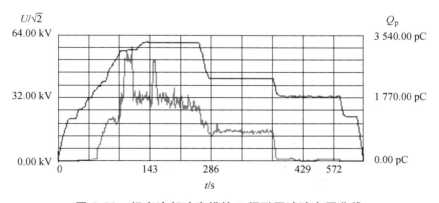

图 2-23　相变冷却功率模块工频耐压试验电压曲线

相变冷却变换器模块 1.5 倍耐压试验结果如表 2-4 所示。相变冷却功率模块工频 1.5 倍耐压试验电压曲线如图 2-24 所示。

表 2-4　1.5 倍耐压试验结果

序号	电压/kV	时间/min	局放情况
1	22.6	5	<10 pC
	32.1	1	<135 pC
	21.4	5	<11 pC
2	22.2	5	<58 pC
	32.3	1	<1 860 pC，有尖端放电声
	22.2	30	<74 pC

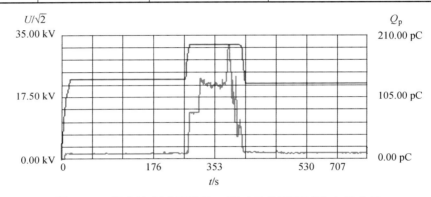

图 2-24　相变冷却功率模块工频 1.5 倍耐压试验电压曲线

试验表明：浸泡时相变冷却变换器满足额定电压 30 kV 等级要求。设备空载试验，带介质情况下，空载输出电压 5 000 V，电路功能正常。相变冷却变换器模块空载调试如图 2-25 所示。

图 2-25　相变冷却变换器模块空载调试

2.2.4 模块研制

采用高集成度标准化模块设计技术，将变换模块分为低压单元模块、高频变压器、高压单元标准模块 3 部分分别进行设计，主要考虑模块电气参数、结构、绝缘、散热、性能、体积等因素，研制标准化单元模块，将各单元模块进行拼装，组成系列化变换标准模块，提高模块的可靠性。低压侧功率模块控制器如图 2-26 所示。模块控制器核心器件采用 FPGA，主要实现与集中控制器之间的光纤通信、模块内部电压电流采样以及 PWM 驱动信号产生等功能。目前已完成模块控制器的功能测试及模块控制器的定型，可以进行批量化生产。

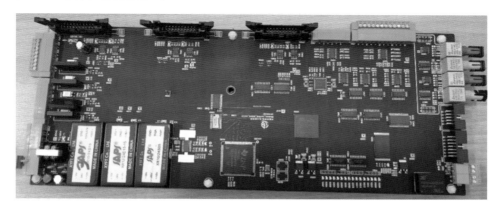

图 2-26 低压侧功率模块控制器

1. 3 kV/90 kW 功率模块

3 kV/90 kW 功率模块低压侧及高压侧模块关键参数如表 2-5 所示。

表 2-5 3 kV/90 kW 模块关键参数

序号	项 目	参 数
1	MPPT 输入电压范围	450～850 V
2	最大输入电流	200 A
3	额定输出电压	3 kV
4	额定输出电流	25 A
5	最大升压比	6.67
6	转换效率	97.6%

3 kV/90 kW 功率模块高频变压器关键参数如表 2-6 所示。

表 2-6　3 kV/90 kW 变压器关键参数

项　目	参　数	项　目	参　数
额定功率	90 kW	原边电压	850 V
副边电压	3 000 V	工作频率	5 kHz
冷却方式	干式自冷	变压器温升	小于 50 K
原边漏感	小于 10 μH	噪声	小于 60 dB
耐受电压	原边对地：5 000 V（交流工频 1 min）；副边对地：60 000 V（交流工频 1 min）；原边对副边：60 000 V（交流工频 1 min）	变压器局放	额定工作电压直流 30 kV：小于 10 pC；1.5 倍额定工作电压 DC 45 kV，小于 200 pC
尺寸	变压器宽度方向不能超过 270 mm，质量不能超过 200 kg	—	—

3 kV/90 kW 功率模块样机如图 2-27 所示。

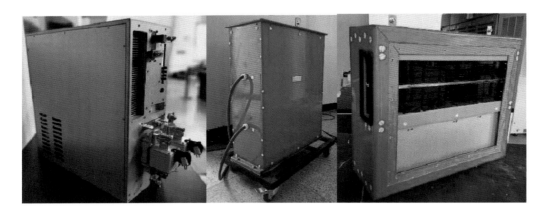

图 2-27　3 kV/90 kW 功率模块样机

2．5 kV/90 kW 功率模块

5 kV/90 kW 功率模块关键参数如表 2-7 所示。

表 2-7 5 kV/90 kW 模块关键参数

序号	项 目	参 数
1	MPPT 输入电压范围	450～850 V
2	最大输入电流	200 A
3	额定输出电压	5 kV
4	额定输出电流	16.7 A
5	最大升压比	11.1
6	转换效率	97.6%

5 kV/90 kW 功率模块高频变压器关键参数如表 2-8 所示。

表 2-8 5 kV/90 kW 变压器关键参数

项 目	参 数	项 目	参 数
额定功率	90 kW	原边电压	850 V
副边电压	5 000 V	工作频率	5 kHz
冷却方式	干式自冷	变压器温升	小于 50 K
原边漏感	小于 10 μH	噪声	小于 60 dB
耐受电压	原边对地：5 000 V（交流工频 1 min）；副边对地：60 000 V（交流工频 1 min）；原边对副边：60 000 V（交流工频 1 min）	变压器局放	额定工作电压直流 30 kV：小于 10 pC；1.5 倍额定工作电压 DC 45 kV，小于 200 pC
尺寸	变压器宽度方向不能超过 270 mm，质量不能超过 200 kg		

5 kV/90 kW 功率模块样机如图 2-28 所示。

图 2-28 5 kV/90 kW 功率模块样机

2.2.5 试验验证

为测试光伏直流升压变换器基本功率模块的电气性能与功能,搭建了 3 kV/90 kW 与 5 kV/90 kW 直流功率模块试验平台,对两种直流变换模块进行了试验验证。功率模块试验原理框图如图 2-29 所示。

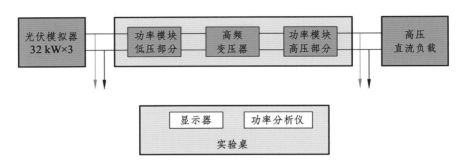

图 2-29　3 kV/90 kW 与 5 kV/90 kW 功率模块试验测试原理框图

功率模块试验测试平台如图 2-30 所示。

图 2-30　功率模块试验测试平台

3 kV/90 kW 功率模块启动电压、电流波形如图 2-31 所示,5 kV/90 kW 功率模块启动电压、电流波形如图 2-32 所示。由图可以看出,功率模块启动运行平稳,没有较大的电压、电流冲击。

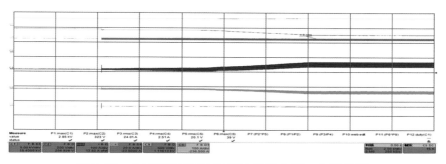

图 2-31　3 kV/90 kW 功率模块启动电压、电流波形

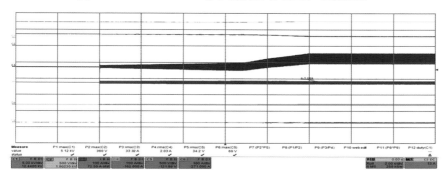

图 2-32　5 kV/90 kW 功率模块启动电压、电流波形

如图 2-33 所示为单模块运行稳定后的高频变压器电压电流波形。由图可以看出，变压器初级电压尖峰得到了很好的抑制。

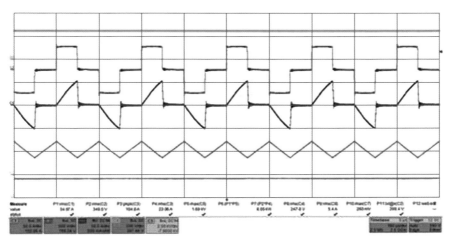

图 2-33　单模块运行稳定后的电压、电流波形

如图 2-34 所示为 3 kV/90 kW 功率模块运行效率曲线。由图可以看出，功率模块最大转换效率为 97.6%。

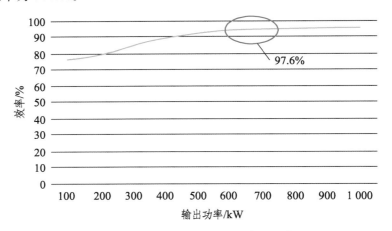

图 2-34　3 kV/90 kW 功率模块效率曲线

如表 2-9 所示为 3 kV/90 kW 变换器并网运行输出电流纹波测试数据。由表可以看出，实测纹波系数最小 2.26%，全部低于 5%。

表 2-9　3 kV/90 kW 变换器并网运行输出电流纹波测试数据

序号	输入电压/V	输入电流/A	输出电压/kV	输出电流/A	输出电流纹波峰峰值/mA	纹波百分比/%
1	450.34	111.03	3.12	15.22	15.52	4.70
2	500.33	99.93	3.78	12.57	63.13	3.78
3	501.41	99.72	3.22	14.75	75.26	2.26
4	502.57	99.49	3.15	15.08	123.09	2.46
5	502.36	99.53	3.71	12.80	150.74	2.26

如表 2-10 所示为 3 kV/90 kW 变换器并网运行直流升压比测试数据。由表可以看出，实测直流升压比范围为 3.61 ~ 6.78。如图 2-35 所示为对应的直流变换器升压比测试曲线。

高频隔离变压器作为直流变换器基本功率模块的核心部件，其耐压和局放测试决定着变压器能否长期稳定地运行，下面对高频变压器的绝缘耐压和局放进行测试。变压器绝缘耐压测试试验平台如图 2-36 所示。

表 2-10   3 kV/90 kW 变换器并网运行直流升压比数据

输入电压/V	输出电压/kV	直流升压比
450.12	3.05	6.78
500.67	3.01	6.01
550.38	3.03	5.51
600.23	3.06	5.10
650.58	3.02	4.64
700.17	3.10	4.43
750.61	3.04	4.05
800.11	3.02	3.78
850.49	3.07	3.61

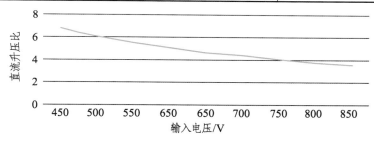

图 2-35   直流变换器升压比测试曲线

图 2-36   变压器绝缘耐压测试试验平台

首先，变压器试验前的准备如图 2-36 所示。具体操作方式为：把变压器的两条低压线和铁心的接地极相连，一起接到地线上；把高压侧的两条输出线短接，与耐压测试设备的高压电极相连。然后取下接地杆，开始进行耐压测试。由于耐压设备施加的是交流电压，而变压器的额定工作电压是直流 30 kV，因此必须进行电压换算。按照国家标准，变压器在做耐压时，应满足承受 3 倍额定工作电压 1 min 的条件，即保证变压器在施加 60 kV 交流电压时不被击穿。同样地，根据局放测试的行业标准，在施加变压器额定工作电压时，其局放量应小于 10 pC，在施加其 1.5 倍额定工作电压时，其局放量应小于 200 pC。因此，在做耐压测试时，应着重记录电压在 22 kV、30 kV、60 kV 时的现象。试验结果如图 2-37 ~ 图 2-39 所示。

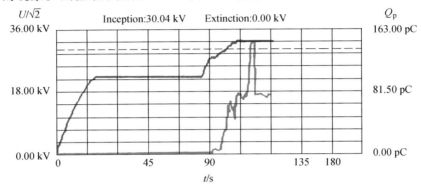

图 2-37　局放侧视曲线

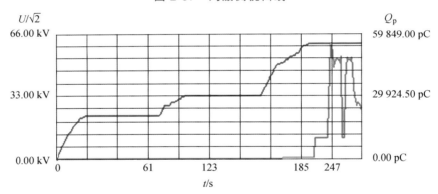

图 2-38　耐压测试曲线

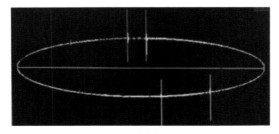

图 2-39　局放测试图

　　由以上测试结果可以看出，在施加耐压为交流 22 kV 时，变压器的 1 min 局放小于 10 pC；在施加耐压为交流 32 kV 时，变压器的 1 min 局放小于 160 pC；在施加耐压为交流 60 kV 时，变压器绝缘未被击穿，测试结果基本满足技术要求，须下一步进行长期考核。

　　根据 1 MW 集中型变换器对变压器的装配方式，需要对变压器进行一次满足实际工况的测试。绝缘耐压测试如图 2-40 所示。具体原理为：由于 1 MW 集中型变换器集装箱内的空间有限，需要把变压器的高压侧引线搭在变压器的顶部，而高压模块的接线点距离变压器顶部很近，在高压模块发生故障后，接线点的电位为 30 kV，电压可能沿着电缆表面爬到变压器顶部，并通过缝隙进入变压器内部。由于在 30 kV 时，国家标准规定的爬电距离为 900 mm，而高压模块接线点的电位到变压器铁心的距离远远小于标准爬电距离，因此有必要进行测试。经过与厂家沟通，厂家确认变压器的铁心与顶部有电气间隙，是空气绝缘的，因此可以进行相关测试。

图 2-40　绝缘耐压测试

耐压测试曲线如图 2-41 所示。

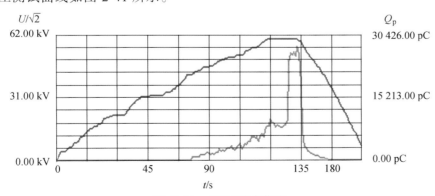

图 2-41　耐压测试曲线

由图 2-41 可以看出，变压器在施加耐压为交流 60 kV 时，变压器绝缘未被击穿。测试结果满足实际工况要求，此变压器满足项目要求。

2.3 ±30 kV/1 MW 集中型光伏直流升压变换器研究

±30 kV/1 MW 集中型光伏直流升压变换器采用模块化级联结构，使用 5 kV/90 kW 功率模块，通过模块输入并联、输出串联（IPOS）方式实现变换器的高电压、大功率、高升压比的设计要求。

本节对采用 IPOS 结构的光伏升压直流变压器进行讲解，对变换器模块的拓扑、工作原理、模块中的寄生参数进行理论分析，提出光伏直流升压变流器的设计方法。

2.3.1 系统结构及参数要求

±30 kV/1 MW 集中型光伏直流升压变换器系统方案如图 2-42 所示。

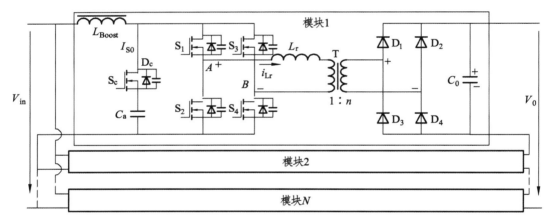

图 2-42 ±30 kV/1 MW 集中型光伏直流升压变换器系统方案

集中型光伏直流升压变换器系统基本电气参数如表 2-11 所示。

表 2-11 变换器系统基本电气参数

序号	项　目	参　数
1	系统容量	1 MW
2	系统额定输出电压	±30（60）kV
3	系统额定输出电流	16.67 A
4	系统开路电压	1 000 V
5	系统 MPPT 电压范围	450～850 V
6	系统最大输入电流	2 250 A

续表

序号	项　目	参　数
7	模块总数	14
8	模块额定容量	90 kW
9	模块额定电压	5 kV
10	模块最大输入电流	200 A
12	变压器变比	5

2.3.2　控制系统与控制策略

±30 kV/1 MW 光伏直流升压变换器采用模块输入并联、输出串联的组合式结构。针对 IPOS 级联方案电路特点，系统总体控制方案采用适用于光伏特性的 MPPT 算法，变换器采用统一占空比控制方式，通过对输出电流进行控制，既可以实现最大功率跟踪，又可以实现对输出电流的有效控制，同时各模块采用多相交错控制技术，可以减小电流纹波。

1. 集散式控制保护系统总体设计

集散式控制保护系统结构如图 2-43 所示。

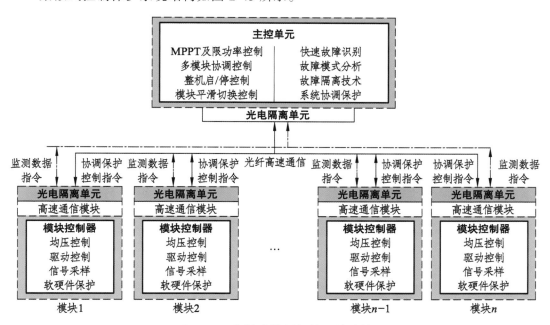

图 2-43　集散式控制保护系统结构

1）集散式系统架构

控制保护系统采用集散式架构，主要包括主控单元和模块控制单元。主控单元负责进行 MPPT 及限功率控制、多模块协调控制、整机启/停控制、模块平滑切换控制以及系统故障快速识别、精准故障模式分析、系统故障隔离和协调保护等系统级控制和保护功能。模块控制单元完成模块内部驱动控制和保护，并将电压、电流等信号精确采样后发送给主控单元，通过主控单元集中计算返回的参考量完成均压控制。主控单元和模块控制单元之间以光电隔离单元作为统一对外接口，采用光纤高速通信实现系统及模块间的协调控制。这种方案采用系统集中控制和模块分散控制相结合的方式，有效解决多模块系统主控单元资源配置的难题，同时规避了完全分散控制导致运行中模块电压不均衡所造成系统故障的风险。

2）主控单元设计

主控单元采用 DSP+FPGA 架构，满足系统中使用多处理器的需求。主控单元内部设计有光电隔离单元，用于实现主控单元和模块控制单元之间的系统隔离功能。同时作为对外高速通信接口，有效解耦主控单元和模块控制单元，分担核心处理器接口资源配置压力，提高系统抗干扰能力。

3）模块控制单元设计

模块控制单元包括核心控制器、光电隔离单元和高速通信单元，各模块之间的控制保护、通信和供电统一协调又互相解耦。模块内部完成各自运行数据检测，通过光电隔离单元发送给主控单元进行集中运算，同时接收主控单元控制保护指令，经过比较、运算等实现均压控制和模块级软硬件保护。

2. 基于 IPOS 结构的变换器控制策略研究

基于集散式控制架构，本书拟采用集中功率控制结合分散均衡控制的控制策略，如图 2-44 所示。变换器集中控制单元实现变换器层面的控制策略，主要负责变换器功率控制、模块协调控制、变换器启停控制等。功率模块控制包括分散测控，实现功率模块均衡控制。

1）协调功率控制

变换器并网运行包括两种运行模式：一种为 MPPT 运行模式，实现光伏阵列最大功率并网运行；另一种为限功率运行模式，主要用于协调电网调度或稳定直流电网电压等工况。

（1）光伏最大功率跟踪控制：根据变换器输入电压、输入电流，经过 MPPT 控制算法运算后得出控制指令，下发至各模块控制器。基于 IPOS 结构变换器的 MPPT 功率控制采用双闭环的控制策略。

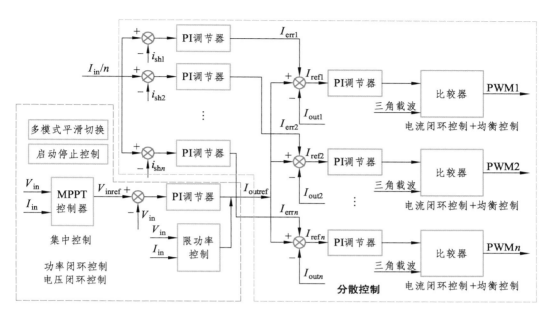

图 2-44　集散控制总体控制框图

采样光伏阵列输入电压和输入电流，将通过最大功率跟踪控制器计算得到最大功率点的电压作为光伏高压直流并网变换器输入电压指令；采用输出电压闭环控制产生输出电流指令。模块控制器执行输出电流闭环控制，控制光伏高压直流并网变换器各 DC/DC 功率单元功率器件的开通和关断。

（2）输出限压控制：变换器输出为恒压特性。当输出电压达到变换器的最高电压限值时，变换器采用输出限压控制。以输出电压为闭环控制，输出功率小于光伏阵列最大功率，实现限功率输出。

（3）输出限流控制：变换器输出为恒流特性。当输出电流达到变换器的最高电流限值时，变换器用输出限流控制。输出功率小于光伏阵列最大功率，实现限功率输出。

±30 kV/1 MW 集中型直流变换器主控制器流程及中断控制流程分别如图 2-45、图 2-46 所示。

集中控制器与控制保护系统的通信协调控制流程如图 2-47 所示。

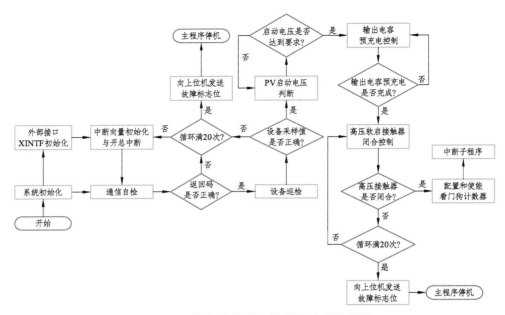

图 2-45　集中控制器主控制器控制流程图

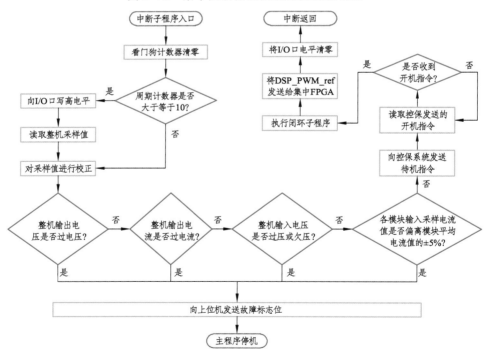

图 2-46　集中控制器中断控制流程图

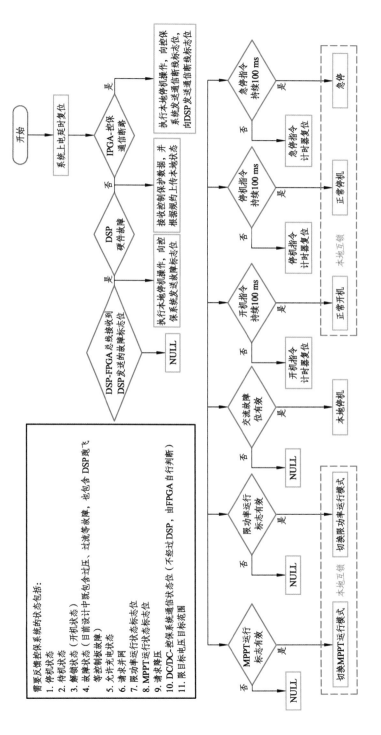

图 2-47　集中控制器与控制保护系统的通信协调控制流程

2）模块协调控制

（1）模块均衡协调控制策略。

在模块控制层面，本书拟采用统一占空比控制结合分散均压控制，以实现模块间的均衡控制。变换器采用模块化输入并联、输出串联结构，模块硬件参数基本一致，采用统一电流指令控制方式，可实现模块根据各自阻抗自然分压分流稳定控制。由于电路杂散参数等造成的各模块参数不一致，会产生各模块输出电压存在不均一的现象，因此需要采取一定的补偿控制策略，实现各模块输出电压均衡。均压控制闭环与输出电流闭环之间通过解耦控制实现各自分散调节，统一协调输出，既降低各控制闭环由于耦合造成的参数选取困难的问题，同时也提高了模块动态均压特性。

为了实现各模块均衡控制，可在基本输出电流控制环的基础上，再增加一个动态输入电流补偿环或一个动态输出电压补偿环。在 IPOS 结构系统中，根据功率守恒原理，只要实现输入侧电流均衡即可实现输出侧电压均衡，反之亦然。但从实现的角度来看，采用输入电流均衡的控制策略具有低成本、易实现的特点。因此，在本书中拟采用输入均流闭环与输出电流闭环相结合的控制方式。

（2）模块投入/切出控制。

IPOS 模块采用 $N+M$ 冗余模块方案实现冗余控制，提高系统的可靠性。冗余模块采用 1 台投入、$M-1$ 台备用的方式。模块采用平滑切换控制，实现无冲击。

模块控制器的控制流程如图 2-48 所示。模块控制器与集中控制器之间的通信控制流程如图 2-49 所示。

3）启动/停机控制

为了降低启动时输出电容电压折算到变压器一次侧电压值小于输入电压值所引起的 Boost 电流冲击，需要对输出电容进行预充电，并结合 MPPT 过程实现软启动，如图 2-50 所示。采用电网侧充电启动方案，即直流变换器输出侧通过串联限流电阻对变换器输出电容进行预充电。其中，S_0 是并网开关，R_1 是充电电阻，与 S_1 组成充电回路；R_2 是放电电阻，与 S_2 组成放电回路。变换器启动运行之前，先通过充电回路对电容进行预充电，当输出电容电压达到一定值时再正式启动变换器。同时结合 MPPT 控制，最终实现软启动，可有效抑制 Boost 启动电流冲击。

系统停止工作时，电感积累的磁能量需要释放，电感电流全部流入有源箝位电路中，箝位电感中的能量全部储存进入电容，如电容容量过小，仍将产生较大的过电压，造成器件损坏。为提高系统可靠性，通过合理的变压器漏感设计和箝位电容选型，可有效解决突然停机所造成的电压冲击。

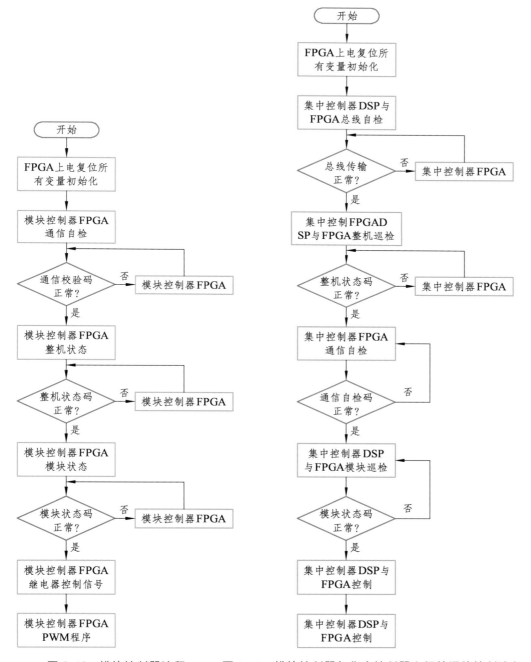

图 2-48　模块控制器流程　　图 2-49　模块控制器与集中控制器之间的通信控制流程

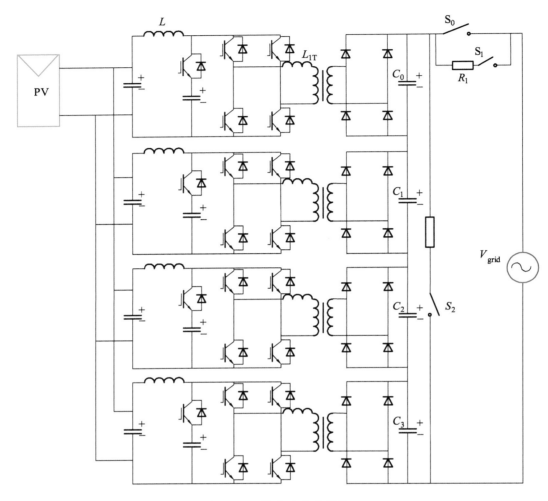

图 2-50 软启动方案拓扑

3．故障保护策略

变换器故障保护包含内部故障保护和外部故障保护。内部故障包括主电路短路、断路故障、控制回路故障、检测回路故障、辅助供电电源故障等。外部故障包括光伏输入短路、断路故障，直流输电线路短路、断路故障，交流并网侧短路、断路故障等。

1）内部故障处理和保护方案

变换器主电路故障主要包括模块输入短路、断路故障和输出短路、断路故障。在输入并联、输出串联结构系统中，模块之间互相耦合连接。当模块发生故障时，为保障系统可靠运行，切断故障传导途径，防止故障范围扩大，需实现故障模块的快速检测和有效隔离。

当发生模块输入短路故障时，短路故障点会造成系统输入直流母线短路故障及输入电容放电，且会产生很大的放电电流，需及时快速检测故障并及时断开故障模块，以保证系统正常运行。当模块发生输入断路故障时对其他模块影响不大，可通过检测故障点判断故障原因，及时排除故障或隔离故障模块。

当发生输出短路故障时，通过旁路开关将模块输出旁路，防止模块进一步损坏，进而影响系统稳定运行。模块输出采用全桥二极管整流电路，当一路二极管断路故障时，另一路可起到旁路作用，再及时闭合直流旁路开关以实现可靠旁路故障模块。

为实现模块故障的准确检测、定位并及时做出准确判断和实施保护措施，模块故障检测和定位的准确性和实时性要求很高。通过模块自身故障特征量的检测和主控单元协调配合的方案，及时实施保护动作，同时可降低误故障率。

2）外部故障处理和保护方案

光伏阵列的输入短路和断路故障不会对变换器造成损坏。当故障存在时，变换器通过输入检测并判断出光伏阵列故障及时停机即可。

当输出直流线路短路故障时，变换器通过输出限流电感抑制变换器输出电容瞬间释放的短路电流。同时，变换器检测到输出短路故障后立刻停机保护，避免继续提供短路电流。当发生输出断路故障时，通过输出电量检测可及时检测到故障并停机保护。

当直流汇集后逆变连接的交流接入点发生短路故障时，变换器通过检测输出直流母线电压变化率等故障特征量，判断出交流短路故障后，与 DC/AC 逆变装置协调配合控制，避免直流母线电压过高而导致损坏直流变换器。

2.3.3　台面试验样机及测试

±30 kV/1 MW 光伏直流升压变换器采用模块化设计方式，分散散热源；单模块功率为 90 kW；变压器采用高频设计，通过模块输入侧并联、输出侧串联的组合式拓扑结构，实现高电压、大功率的设计要求；整机采用强制负压风冷冷却方式。样机如图 2-51 所示。

图 2-51　台面试验样机

　　台面样机内部模块布置结构如图 2-52 所示。台面试验样机内部包括 4 组 5 kV/90 kW 基本功率模块，采用低压侧输入并联、高压侧输出串联的级联结构，如图 2-5 所示。

图 2-52　台面试验样机内部结构

　　台面试验样机控制系统包括集中控制器与模块控制器。集中控制器采用插拔式结构，主要包括 1 块核心控制板、1 块电源及 I/O 控制板、4 块光纤转接板、1 块插拔式接口母板，分别如图 2-53 ～ 图 2-56 所示。

图 2-53　集中控制器核心控制板

图 2-54　集中控制器光纤转接板

图 2-55　集中控制器电源及 I/O 控制板

图 2-56　集中控制器插拔式接口母板

直流变换器的集中控制器样机结构如图 2-57 所示。

图 2-57　集中控制器样机结构

模块控制器电路板如图 2-58 所示，主要实现模块的电压电流采样、PWM 驱动信号产生以及与集中控制器的光纤通信等功能。

图 2-58　模块控制器电路板

如图 2-59 所示是由 4 模块组成的直流变换器正常启动运行时的电压、电流波形。由图可以看出，直流变换器启动瞬间电压、电流平滑，没有引起系统电压电流冲击。

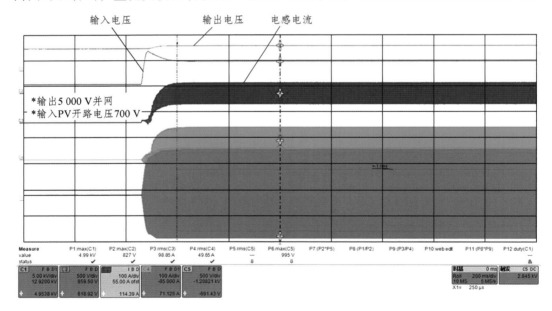

图 2-59　直流变换器启动运行时的电压、电流波形

如图 2-60 所示是集中型光伏直流升压变换器中模块变压器原副边电压、电流波形，如图 2-61 所示是集中型光伏直流变换器内部多模块电压、电流波形。

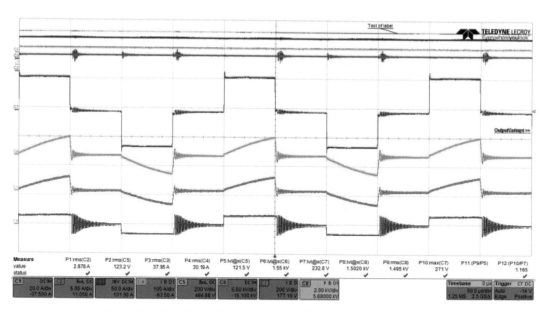

图 2-60　集中型光伏直流升压变压器原副边电压、电流波形

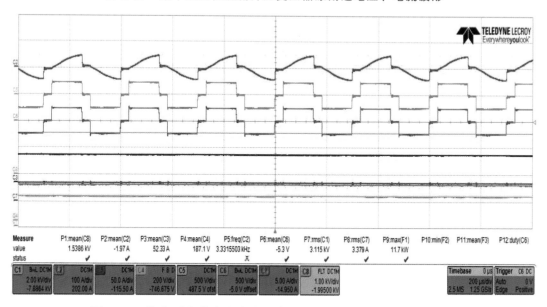

图 2-61　集中型光伏直流变换器内部多模块测试电压、电流波形

如图 2-62 所示，4 模块组成的直流变换器输出电流纹波达到了 30%，不能满足设计要求。

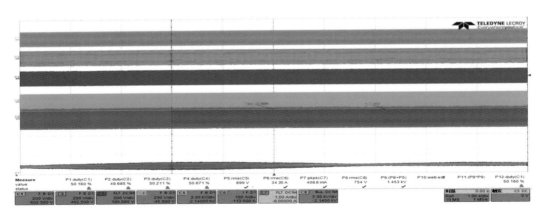

图 2-62　交错前输出电流纹波 30%

为降低直流变换器输出电流纹波，本节采用模块交错并联的控制技术，其基本控制原理如图 2-63 所示。若在不增加同步信号的情况下，各模块间的相角不断变化，无法进行精确移相控制。本系统中，通过在每个开关周期增加一个同步信号，各模块保持周期性同步，可以精确实现 PWM 载波移相，最终实现交错控制，降低直流变换器输出电流纹波。

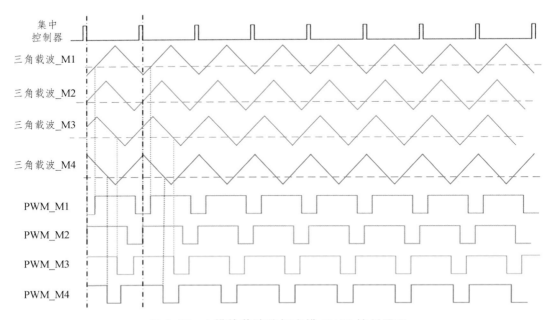

图 2-63　4 模块载波移相交错 PWM 控制原理

4 模块采用载波移相交错 PWM 控制时的 PWM 试验波形如图 2-64 所示，各模块载波依次移相 90°。

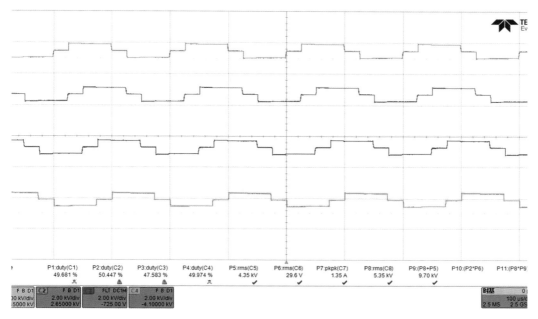

图 2-64　4 模块采用载波移相交错控制时的 PWM 波形

4 模块采用载波移相交错 PWM 控制时直流变换器电压、电流波形如图 2-65 所示。由图可以看出，采用交错控制后，直流变换器输出电流纹波降低为 8%，因为本系统中直流变换器一共包含 14 个模块，可通过 14 个模块的交错并联控制，进一步降低输出电流纹波。

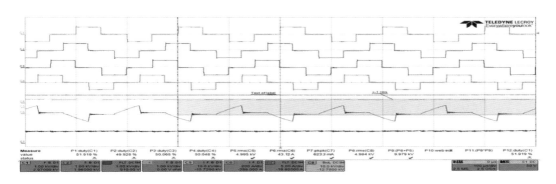

图 2-65　交错后输出电流纹波 8%

直流变换器内部关键元器件温升曲线如图 2-66 所示。由图可以看出，在直流变换器运行 1 小时后，内部关键元器件温升基本达到恒定，温升在直流变换器正常设计范围内，满足设计要求。

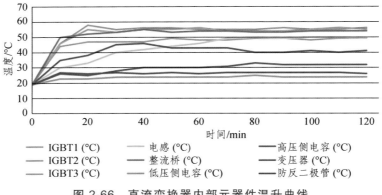

图 2-66　直流变换器内部元器件温升曲线

如图 2-67 所示是直流变换器的效率曲线。由图可以看出，直流变换器在不同输出功率下的效率曲线，直流变换器额定状态最大转换效率可达到 97.46%。

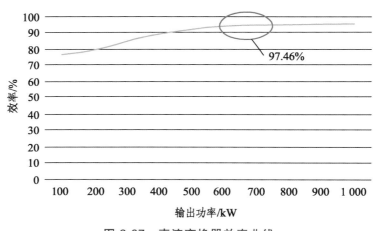

图 2-67　直流变换器效率曲线

2.4　±30 kV/1 MW 工程样机研制

1 MW 集中型直流变换器采用集装箱设计方案，包括低压配电柜、低压控制柜、14 台直流变换器高低压模块及高频变压器、高压开关柜等。整机散热系统采用空调内循环冷却方式加风机内循环方式，保证集装箱内部环境温度及变换器温度满足设备运行需求。±30 kV/1 MW 集中型直流变换器设计图如图 2-68 所示。

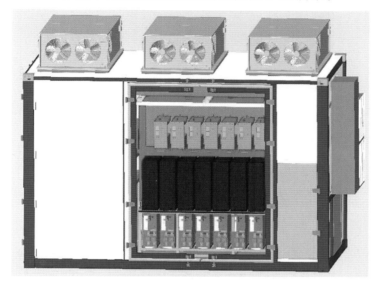

图 2-68　±30 kV/1 MW 集中型直流变换器工程样机设计图

±30 kV/1 MW 集中型直流变换器工程样机已研制完成，并已完成现场安装调试。±30 kV/1 MW 集中型直流变换器工程样机及其内部结构如图 2-69 与图 2-70 所示。

图 2-69　±30 kV/1 MW 集中型直流变换器工程样机

图 2-70　±30 kV/1 MW 集中型直流变换器工程样机内部结构

±30 kV/1 MW 集中型光伏直流升压变换器完成指标如表 2-12 所示。

表 2-12　变换器完成指标情况

序号	项　目	任务书要求	实际完成
1	系统容量	1 MW	1 MW
2	变换器额定输出电压	±30（60）kV	±30（60）kV
3	变换器额度输出电压范围	54～66 kV	54～66 kV
4	额度升压比	60	120
5	最大变化效率	≥95%	97.46%
6	变换器 MPPT 电压范围	450～850 V	450～850 V
7	系统开路电压	1 000 V	1 000 V

2.5　20 kV/500 kW 串联型光伏直流升压变换器研究

2.5.1　20 kV/500 kW 直流变换器设计

　　光伏直流串联升压汇集接入系统是目前光伏直流升压汇集接入拓扑中的难点，为实现大功率输出，多台变换器输出串联是一种解决方案。20 kV/500 kW 光伏直流升压变换器是实现光伏直流串联并网方案的关键设备。3 台串联型变换器的拓扑可作为多台串联运行的典型案例，可基本覆盖各种运行工况，具体可行的技术指标如表 2-13 所示。

表 2-13　20 kV/500 kW 串联型光伏直流升压变换器指标

指　标	数　值	指　标	数　值
额定直流输出电压	20 kV	输出电压范围	18 ~ 33 kV
额定输出功率	500 kW	最大变换效率	≥95%
额定直流升压比	20	输出电流纹波系数	<5%
输入电压工作范围	450 ~ 850 V	输出侧可串联台数	≥3

20 kV/500 kW 串联型光伏直流升压变换器的关键问题包括：

（1）极端功率变化情况下，变换器输出电压满足宽范围变化要求。对于 3 台串联型变换器系统，要求一台变换器光伏输入功率在 20% ~ 100% 变化时，变换器仍然能够正常工作而不停机。基于工作模块加冗余备用模块的变换器结构，变换模块输入并联、输出串联可实现更高输出电压和更大输出功率。通过工作模块和冗余备用模块的投切增大变换器的输出电压范围，设计输出电压上、下限控制策略，实现串联变换器间控制策略的解耦，保证系统极端条件下仍能继续运行至恢复到正常工况。

（2）兼顾 ± 30 kV/1 MW 集中型变换器模块设计需求，形成结构化标准模块。构建统一的标准化模块实现两类变换器，可有效简化变换器的设计工作，但 20 kV/500 kW 串联型变换器和 ± 30 kV/1 MW 集中型变换器对模块功率等级和输出电压等级的要求无法完全统一，串联型变换器还要兼顾宽输出电压范围的要求。作者团队通过模块功率梯度、电压梯度分析，提出了采用统一的模块机械结构和统一的模块低压侧电路的结构化模块方案，设计了统一的模块低压侧电路参数，并对其关键器件进行详细的参数优化，只保留变压器、硅堆、高压电容等不控器件有所区别，形成了模块的硬件设计方案，有效降低了两类变换器模块的设计、开发、调试难度及研发的风险。

串联系统中 20 kV/500 kW 串联型直流变换器同样采用 Boost 全桥隔离拓扑功率模块，通过模块的输入并联、输出串联实现输出电压的抬升和功率的扩容。具体拓扑结构如图 2-71 所示。

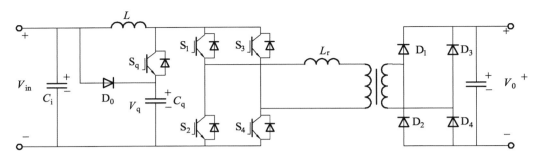

图 2-71   20 kV/500 kW 串联型直流变换器拓扑

为满足一台变换器光伏输入功率在 20%～100% 变化时变换器仍然能够正常工作的要求，20 kV/500 kW 串联型变换器采用工作模块加备用冗余模块的设计方案。所有模块输入并联、输出串联，通过输入并联扩大变换器的功率容量，通过输出串联实现输出更高电压，提升变换器的升压比。

20 kV/500 kW 串联型直流变换器采用 3 kV/90 kW 功率模块，内部一共包括 10 个功率模块，其中 7 台功率模块作为正常运行功率模块，剩余 3 台功率模块作为热备用功率模块，在系统输出电压发生越限时，及时投入热备用功率模块，保证直流变换器的安全可靠运行。同时，20 kV/500 kW 串联型变换器单机输入、输出侧增加电压、电流检测，满足控制和保护系统的需要；在变换器输出侧增加软启动回路，实现 3 台串联运行时的系统软启动。20 kV/500 kW 串联型直流变换器关键参数如表 2-14 所示。20 kV/500 kW 串联型变换器结构如图 2-72 所示。

表 2-14   20 kV/500 kW 串联型变换器模块参数

序号	项　目	参　数
1	容量	500 W
2	额定输出电压	20 kV
3	额定输出电流	25 A
4	开路电压	1 000 V
5	MPPT 电压范围	450～850 V
6	系统最大输入电流	1 150 A
7	模块总数	10
8	模块额定容量	90 kW
9	模块额定电压	3 kV
10	模块最大输入电流	200 A
12	变压器变比	3.53

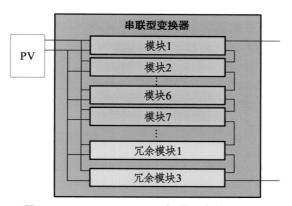

图 2-72   20 kV/500 kW 串联型变换器结构

2.5.2   控制系统设计

1. 串联型变换器集散式控制系统设计

20 kV/500 kW 串联型变换器控制系统结构如图 2-73 所示。3 台 20 kV/500 kW 串联型变换器组成系统主控制器，但其只执行系统优化运行控制，与变换器之间非快速通信，变换器运行不依赖于系统主控制器。串联型变换器内部的变换器控制层和模块控制层执行本地即时控制，其通过光纤进行高速通信。

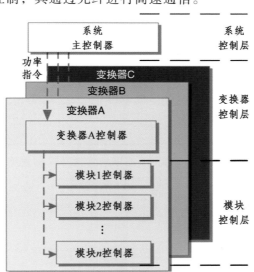

图 2-73   20 kV/500 kW 串联型变换器控制系统结构

系统控制层主要由系统主控制器实现，负责完成光伏直流升压汇集接入系统的协调控制，当调度对电站功率提出要求时，由系统主控制器对变换器控制器分配功率指令。

系统的优化运行控制也在该层实现，当单台变换器的输入长期低于额定输入功率时，可协调输电线路对端的 DC/AC，适当降低线路输电电压，以实现优化运行，提高系统效率。

变换器控制层，主要包含各变换器内的集中控制器，负责完成变换器的启停控制、最大功率跟踪控制、限功率运行控制等任务。同时，变换器控制层将控制运算指令发送给变换器内各个模块控制器。对于 3 台变换器输出串联系统的模块投入、切出工况，变换器控制层要实现投切控制条件的自主判断与实现。

模块控制层主要包含变换器内各模块控制器，负责完成均压均流补偿控制、交错移相控制、模块平滑投切控制、桥电路 PWM 控制。模块平滑投切控制是指当接收到变换器集中控制器发来的模块投入或切出命令时，模块控制器要控制占空比调节信号，实现模块的平滑投入或切出。系统的过流保护、短路即时保护、过压保护、温度保护等都在该层实现。

2. 串联型变换器控制策略研究

串联型变换器控制策略主要在变换器集中控制器和模块控制器中实现。如图 2-74 所示为 20 kV/500 kW 串联型变换器控制策略框图。其中变换器集中控制器实现的控制策略主要有：

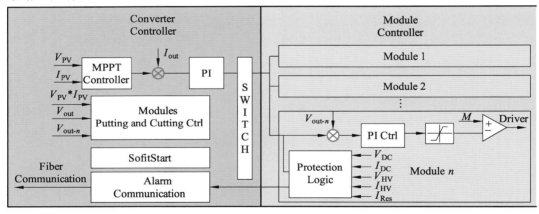

图 2-74 20 kV/500 kW 串联型变换器控制策略框图

（1）光伏最大功率跟踪控制：根据变换器输入电压、输入电流，经过 MPPT 控制算法运算后得出输出电流指令，经 PI 算法后下发至各模块控制器。这是变换器集中控制器的主要控制算法。

（2）模块投入/切出判断及控制：根据变换器输入功率、输出电压、模块输出电压，判断模块投切状态，综合考虑模块运行工况后判断哪台模块完成投切。当变换器输出电压达到上限或下限后，将执行偏 MPPT 控制（限功率控制），以保证变换器安全可靠运行。

（3）具备启动/停机判断及保护反馈处理功能：实现平滑启动/停机。如图 2-75 所示为 20 kV/500 kW 变换器系统启停控制流程图。

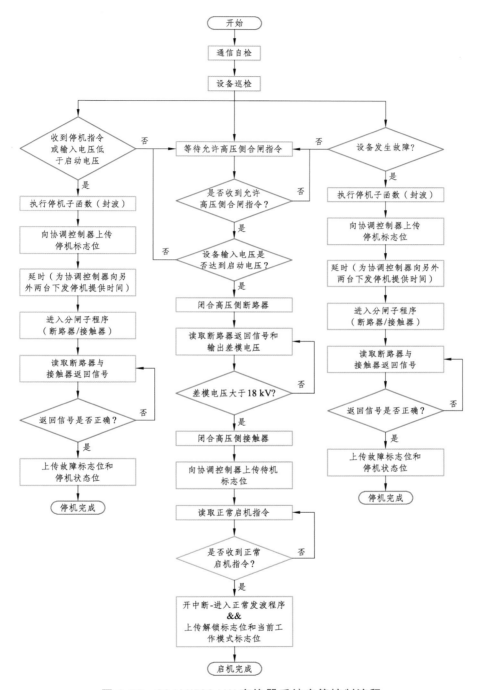

图 2-75 20 kV/500 kW 变换器系统启停控制流程

变换器模块控制器实现的控制策略主要有：

（1）接收占空比信号/投入切出指令：变换器 10 个模块控制器接收变换器集中控制器发送的统一占空比指令，根据模块数量做交错移相后，产生 PWM 信号。

（2）具备平滑投入/切出控制：接收到集中控制器切出指令后，逐渐平滑减小占空比至零，模块输出电压逐渐减小到零后，模块切出完成，向变换器集中控制器反馈模块处于切出备投状态；接收到集中控制器的模块投入指令时，逐渐增加模块占空比信号至变换器集中控制器给定的占空比指令值，当模块输出电压达到模块平均电压时，模块向变换器集中控制器反馈模块状态，模块投入完成。

（3）具备输出电压均压补偿控制：针对输出电压偏差较大的模块，将根据偏差情况对其占空比信号进行微调，补偿输出电压偏差。

（4）具备基本故障保护功能：检测过压/过载/过流/短路特征，返回故障信号。

2.5.3 台面试验样机及测试

20 kV/500 kW 串联型变换器台面试验样机如图 2-76 所示。

图 2-76 20 kV/500 kW 串联型变换器台面试验样机

串联型直流变换器台面试验样机连接原理如图 2-77 所示，3 套独立的直流变换模块输入侧分别由 3 台独立的光伏模拟器供电，输出侧依次串联，最后接入直流负载。

串联型直流变换器启动过程波形和停机过程波形分别如图 2-78 和图 2-79 所示。

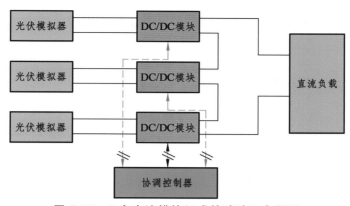

图 2-77　3 台直流模块组成的试验平台原理

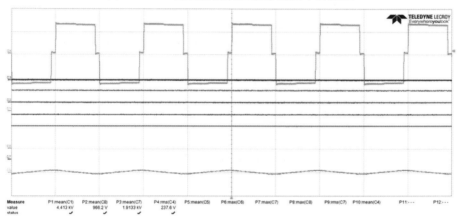

（a）设备 1# 启动

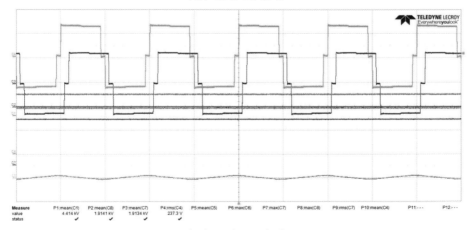

（b）设备 2# 启动

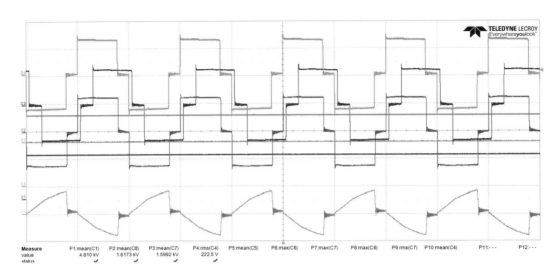

（c）设备 3# 启动

图 2-78 串联型系统启动过程波形

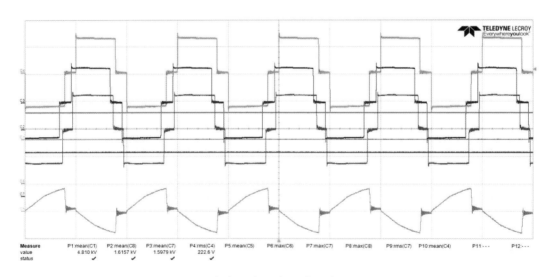

（a）3 台设备正常运行

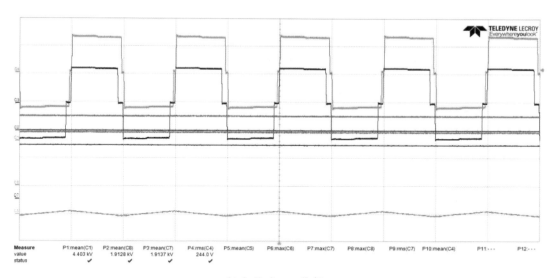

（b）设备 1# 停机

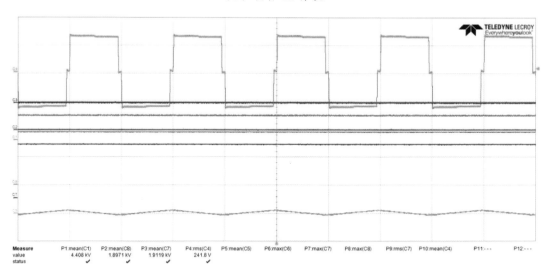

（c）设备 2# 停机

图 2-79　串联型系统停机过程波形

　　串联型直流变换器单闭环控制稳态电压、电流波形如图 2-80 所示。由图可以看出，直流变换器输出电压、电流及变压器电压、电流时较为稳定，系统可以稳定运行。

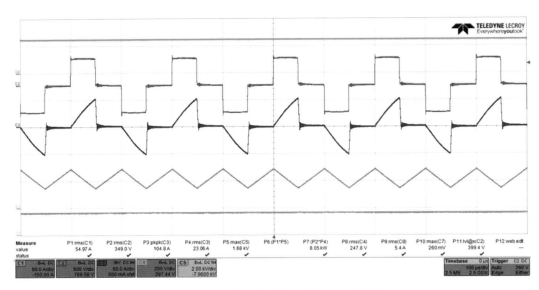

图 2-80　串联系统单机电压、电流波形

串联型直流变换器双闭环控制稳态电压、电流波形如图 2-81 所示。由图可以看出，直流变换器输出电压、电流及变压器电压、电流均较为稳定，系统可以稳定运行。

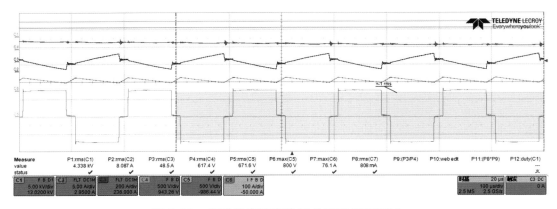

图 2-81　串联型直流变换器并网双闭环测试

2.6　20 kV/500 kW 工程样机研制

20 kV/500 kW 串联型直流变换器的工程样机采用集装箱设计方案，包括低压配电柜、低压控制柜、10 台直流变换器高低压模块及高频变压器、高压开关柜等。整机散

热系统采用空调内循环冷却方式、加风机内循环方式，保证集装箱内部环境温度计变换器温度满足设备运行需求。20 kV/500 kW 串联型直流变换器工程样机集装箱外形尺寸为长 4.5 m、宽 2.65 m、高 3.3 m。工程样机设计图如图 2-82 所示。

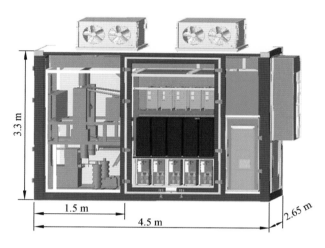

图 2-82　500 kW 串联型直流变换器设计图

2.7　光伏直流变换器功率模块及整机试验测试方法

为了验证 3 kV/90 kW 与 5 kV/90 kW 功率模块，以及 ±30 kV/1 MW 集中型与 20 kV/500 kW 串联型直流变换器的电气性能和功能，搭建了相应的试验平台，包括变换器模块的试验平台和变换器的试验平台。该试验平台包括直流输入源、变换器模块或变换器台面样机、输出直流负载或直流电网模拟器等。

2.7.1　直流变换功率模块试验平台

为了验证 3 kV/90 kW 与 5 kV/90 kW 功率模块的电气性能和功能，搭建了直流变换功率模块试验平台。直流电源可以采用光伏模拟器或者实际的屋顶光伏阵列，待测设备为 5 kV/90 kW 直流变换模块与 3 kV/90 kW 直流变换模块，负载采用高压直流负载。模块试验测试平台参数如表 2-15 所示。

表 2-15　模块试验测试平台设备参数

序 号	项 目	名 称	参 数
1	输入电源	光伏模拟器	0～1 000 V/128 kW
2	输入电源	光伏阵列	0～850 V/100.04 kW
3	待测设备	直流变换模块	3 kV/90 kW
4	待测设备	直流变换模块	5 kV/90 kW
5	负载	高压直流电阻	0～20 kV/340 kW

2.7.2　模块试验

1. 性能试验指标及标准

根据变换器设计目标要求,表 2-16 给出了 3 kV/50 kW 模块和 2 kV/50 kW 模块的试验指标。

表 2-16　升压变换模块试验指标

测试指标	3 kV/50 kW	2 kV/50 kW
输入电压范围/V	450～850	450～850
额定输入电压/kV	3	2
输出电压范围/kV	2.7～3.3	1.8～2.2
额定输出功率/kW	50	50
最大效率	≥95%	≥95%
最大直流升压比	5	3
输出电流纹波	≤5%	≤5%
绝缘电压等级/kV	60 kV	60 kV

表 2-17 给出了大功率、高变比 DC/DC 升压变换模块的基本试验项目所采用的测试标准。

表 2-17　大功率、高变比 DC/DC 升压变换模块测试标准

测试指标	测试方法/标准
额定输出功率	《光伏发电并网逆变器技术规范》（NB/T 32004—2013）
最大变换效率	《光伏发电并网逆变器技术规范》（NB/T 32004—2013）
额定直流升压比	光伏直流并网接入实证研究平台两极间正常工作电压差绝对值和标准测试条件（STC）光伏阵列开路电压之比
输出电压范围	《电力工程直流电源设备通用技术条件及安全要求》（GB/T 19826—2014）
输出电流纹波系数	《电力工程直流电源设备通用技术条件及安全要求》（GB/T 19826—2014）
额定直流输出电压	《电力工程直流电源设备通用技术条件及安全要求》（GB/T 19826—2014）

2. 性能试验方法

额定输出功率、最大变换效率、额定直流升压比、输出电压范围、额定直流输出电压等项目测试系统连接如图 2-83 所示，此时光伏模拟器可工作于恒压源模式。按照标准要求调整光伏模拟器输出，使变换器输出额定电压、电流，记录此时输入、输出电压、电流值，多次测量后取平均值。

（1）额定输出功率：设定光伏模拟器阵列处于恒压源模式，并设定电压为 650 V，DC/DC 功率模块处于输出电流闭环控制模式，设定输出电流目标为额定电流 16.67 A，设定电网模拟器直流侧电压为 3 kV，随后启动 DC/DC 功率模块，待其运行稳定后读取高压侧直流母线电压、电流值（V_{out} 和 I_{out}），每次间隔 1 min，多次测量后取平均值。

（2）最大变换效率：设定光伏模拟器阵列处于恒压源模式，并设定电压为 650 V，DC/DC 功率模块处于输出电流闭环控制模式，设定输出电流目标为几个阶梯等级：2.5 A、5 A、7.5 A、10 A、12.5 A、15 A、16.5 A，设定电网模拟器直流侧电压为 3 kV，随后启动 DC/DC 功率模块，待其运行稳定后读取高压侧直流母线电压、电流值（V_{out} 和 I_{out}）及低压侧直流母线电压、电流值（V_{in} 和 I_{in}），每次间隔 1 min，多次测量后取平均值。

（3）额定直流升压比：设定光伏模拟器阵列处于恒压源模式，并设定电压为 650 V，DC/DC 功率模块处于输出电流闭环控制模式，设定输出电流目标为额定电流 16.67 A，设定电网模拟器直流侧电压为 3 kV，随后启动 DC/DC 功率模块，待其运行稳定后读取高压侧直流母线电压、电流值（V_{out} 和 I_{out}），每次间隔 1 min，多次测量后取平均值。

（4）输出电压范围：设定光伏模拟器阵列处于恒压源模式，并设定电压为 650 V，DC/DC 功率模块处于输出电流闭环控制模式，设定输出电流目标为额定电流 16.67 A，设定电网模拟器直流侧电压为 3 kV，随后启动 DC/DC 功率模块，待其运行稳定后调

整电网模拟器电压范围，读取高压侧直流母线电压值（V_{out}），每次间隔 1 min，多次测量后取平均值。

（5）额定直流输出电压：设定光伏模拟器阵列处于恒压源模式，并设定电压为 650 V，DC/DC 功率模块处于输出电流闭环控制模式，设定输出电流目标为额定电流 16.67 A，设定电网模拟器直流侧电压为 3 kV，随后启动 DC/DC 功率模块，待其运行稳定后读取高压侧直流母线电压值（V_{out}），每次间隔 1 min，多次测量后取平均值。

（6）输出电流纹波系数：设定光伏模拟器阵列处于恒压源模式，并设定电压为 650 V，DC/DC 功率模块处于输出电流闭环控制模式，设定输出电流目标为几个阶梯等级：2.5 A、5 A、7.5 A、10 A、12.5 A、15 A、16.67 A，设定电网模拟器直流侧电压为 3 kV，随后启动 DC/DC 功率模块，待其运行稳定后读取高压侧直流母线电流最大值、最小值、平均值（$I_{out-max}$、$I_{out-min}$、$I_{out-ave}$），每次间隔 1 分钟，多次测量后取平均值。

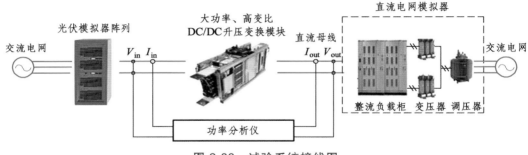

图 2-83　试验系统接线图

3．性能试验数据计算方法

根据测试结果，对多次测量的结果取平均值后，计算得到各个测试指标的数值。把所得数值与设计指标对比，如在指标范围内，则满足设计要求，如表 2-18 所示。

表 2-18　功率模块试验数据分析

试验指标	试验计算值/判断标准
额定输出功率	$V_{out} \times I_{out}$
最大变换效率	$(V_{out} \times I_{out}) / (V_{in} \times I_{in}) \times 100\%$
额定直流升压比	$V_{out} / 1\,000$
输出电压范围	V_{out}
输出电流纹波系数	$(I_{out-max} - I_{out-min}) / (2 \times I_{out-ave}) \times 100\%$
额定直流输出电压	V_{out}

4．模块功能试验项目

测试 3 kV/90 kW 与 5 kV/90 kW 功率模块的各项电气指标和功能指标，具体试验项目包括以下部分：

（1）绝缘耐压试验：主要测试变换器模块的绝缘耐压水平是否能够满足设计安全要求。

（2）变换器效率测试：主要测试模块的最大转换效率以及在不同输入功率下的转换效率，得到效率曲线。

（3）开环试验：验证两种模块主要器件选型的正确性。

（4）闭环 MPPT 试验：主要测试模块采用输出电流闭环统一占空比控制时，可实现输入侧最大功率跟踪控制功能。

根据设计要求，变换器需满足光伏输入电压范围 450 ~ 850 V 要求。如图 2-84 所示为 MPPT 试验光伏 P-V 曲线。在光伏模拟器阵列中导入一系列光伏曲线，该系列 P-V 曲线最大功率点为 450 ~ 850 V，按照图 2-85 接线，启动变换器，当变换器输出稳定后，光伏模拟器阵列依次切换不同的光伏 P-V 曲线，测试在不同曲线切换情况下变换器是否完成 MPPT，并运行在不同曲线的最大功率点。

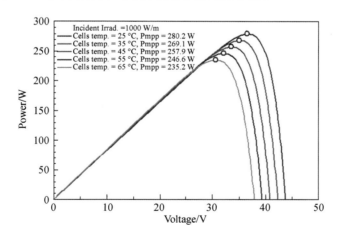

图 2-84　MPPT 试验光伏 P-V 曲线

观察变换器在光伏 P-V 曲线切换过程中能否正常工作，光伏模拟器控制软件设定的光伏曲线最大功率点电压与示波器读数 V_{in} 值是否相同，判断其是否实现了 MPPT；关注几条 P-V 曲线是否涵盖了 450 ~ 850 V 的最大功率点范围。

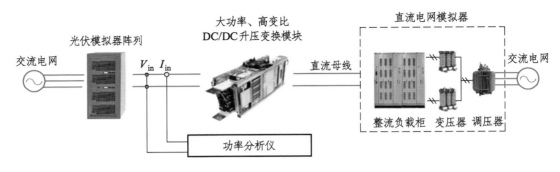

图 2-85　MPPT 试验接线

2.7.3　±30 kV/1 MW 变换器试验

为了测试 ± 30 kV/1 MW 变换器各项电气指标和功能指标是否满足要求，需要搭建 ± 30 kV/500 kW 级别的试验平台。完整的大功率光伏直流升压变换器试验平台结构如图 2-86 所示。

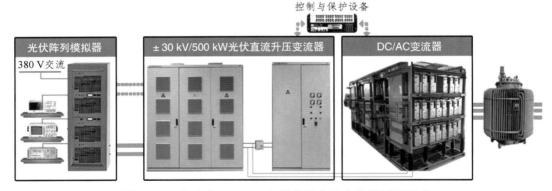

图 2-86　大功率 DC/DC 光伏高压直流变换器试验平台

1．电气性能试验指标及标准

根据变换器设计目标要求，表 2-19 给出了 ± 30 kV/1 MW 变换器试验指标。

表 2-19　± 30 kV/1 MW 变换器试验指标

试验指标	数值	试验指标	数值
额定直流输出电压/kV	± 30	输出电压范围/V	54～66
额定输出功率/kW	1 000	最大变换效率	≥95%
额定直流升压比	60	输出电流纹波系数	<5%

表 2-20 给出了 ±30 kV/1 MW DC/DC 升压变换器的基本试验项目所采用的试验标准。

表 2-20　大功率、高变比 DC/DC 升压变换模块试验标准

试验指标	试验方法/标准
额定输出功率	《光伏发电并网逆变器技术规范》（NB/T 32004—2013）
最大变换效率	《光伏发电并网逆变器技术规范》（NB/T 32004—2013）
额定直流升压比	光伏直流并网接入实证研究平台两极间正常工作电压差绝对值和标准测试条件（STC）光伏阵列开路电压之比
输出电压范围	《电力工程直流电源设备通用技术条件及安全要求》（GB/T 19826—2014）
输出电流纹波系数	《电力工程直流电源设备通用技术条件及安全要求》（GB/T 19826—2014）
额定直流输出电压	《电力工程直流电源设备通用技术条件及安全要求》（GB/T 19826—2014）

2．电气性能试验方法

额定输出功率、最大变换效率、额定直流升压比、输出电压范围、额定直流输出电压等项目测试系统连接如图 2-87 所示，此时光伏模拟器可工作于恒压源模式，详细试验方法如下：

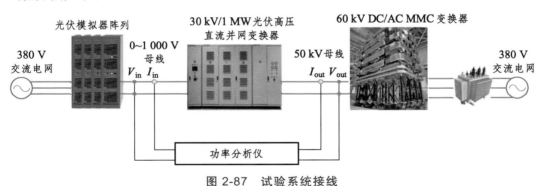

图 2-87　试验系统接线

（1）额定输出功率：设定光伏模拟器阵列处于恒压源模式，并设定电压为 650 V，变换器处于输出电流闭环控制模式，设定输出电流目标为额定电流 16.67 A，设定电网模拟器直流侧电压为 60 kV，随后启动变换器，待变换器运行稳定后读取高压侧直流母线电压、电流值（V_{out} 和 I_{out}），每次间隔 1 min，多次测量后取平均值。最大变换效率：设定光伏模拟器阵列处于恒压源模式，并设定电压为 650 V，变换器处于输出电流闭环控制模式，设定输出电流目标值分别为：2.5 A、5 A、7.5 A、10 A、12.5 A、

15 A、16.5 A，设定电网模拟器直流侧电压为 60 kV，随后启动变换器，待变换器运行稳定后读取高压侧直流母线电压、电流值（V_{out} 和 I_{out}）及低压侧直流母线电压、电流值（V_{in} 和 I_{in}），每次间隔 1 min，多次测量后取平均值。

（2）额定直流升压比：设定光伏模拟器阵列处于恒压源模式，并设定电压为 650 V，变换器处于输出电流闭环控制模式，设定输出电流目标为额定电流 16.67 A，设定电网模拟器直流侧电压为 60 kV，随后启动变换器，待变换器运行稳定后读取高压侧直流母线电压、电流值（V_{out} 和 I_{out}），每次间隔 1 min，多次测量后取平均值。输出电压范围：设定光伏模拟器阵列处于恒压源模式并设定电压为 650 V，变换器处于输出电流闭环控制模式，设定输出电流目标为额定电流 16.67 A，设定电网模拟器直流侧电压为 60 kV，随后启动变换器，待变换器运行稳定后调整电网模拟器电压范围，读取高压侧直流母线电压值（V_{out}），每次间隔 1 min，多次测量后取平均值。

（3）额定直流输出电压：设定光伏模拟器阵列处于恒压源模式，并设定电压为 650 V，变换器处于输出电流闭环控制模式，设定输出电流目标为额定电流 16.67 A，设定电网模拟器直流侧电压为 60 kV，随后启动变换器，待变换器运行稳定后读取高压侧直流母线电压值（V_{out}），每次间隔 1 min，多次测量后取平均值。

（4）输出电流纹波系数：设定光伏模拟器阵列处于恒压源模式，并设定电压为 650 V，变换器处于输出电流闭环控制模式，设定输出电流目标为几个阶梯等级：2.5 A、5 A、7.5 A、10 A、12.5 A、15 A、16.67 A，设定电网模拟器直流侧电压为 60 kV，随后启动变换器，待变换器运行稳定后读取高压侧直流母线电流最大值、最小值、平均值（$I_{out\text{-}max}$、$I_{out\text{-}min}$、$I_{out\text{-}ave}$），每次间隔 1 min，多次测量后取平均值。

输出电流纹波系数试验系统连接如图 2-88 所示。

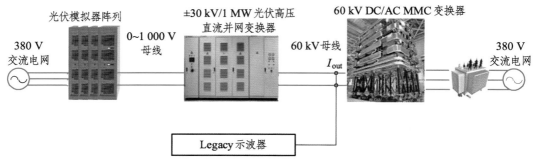

图 2-88　输出电流纹波试验接线图

3．性能试验数据计算方法

对多次试验的结果取平均值后，计算得到各试验指标的数值，用试验计算数值（计算方法如表 2-21 所示）与设计指标进行对比，如在指标范围内，则满足设计要求。

表 2-21　±30 kV/1 MW 变换器试验数据分析

试验指标	试验计算值
额定输出功率	$V_{out} \times I_{out}$
最大变换效率	$(V_{out} \times I_{out}) / (V_{in} \times I_{in}) \times 100\%$
额定直流升压比	$V_{out} / 1\,000$
输出电压范围	V_{out}
输出电流纹波系数	$(I_{out\text{-}max} - I_{out\text{-}min}) / (2 \times I_{out\text{-}ave}) \times 100\%$
额定直流输出电压	V_{out}

4．±30 kV/1 MW 变换器分系统功能试验项目

该试验项目主要测试 ±30 kV/1 MW 变换器各项电气指标和功能指标是否满足要求。具体试验项目包括以下部分：

（1）绝缘耐压试验：测试变换器整体的绝缘耐压水平能否满足设计安全要求。

（2）软启动试验：测试变换器通过电网侧对变换器输出侧电容能否预充电。在本试验平台中，测试变换器通过 MMC 变换器实现 ±30 kV/1 MW 变换器输出侧电容的预充电控制。

（3）自动启停机试验：测试 ±30 kV/1 MW 变换器能够在输入电压达到一定值时实现自动启动运行，功率小于一定值时能够实现自动停机功能。

（4）开环模块一致性试验：测试 ±30 kV/1 MW 变换器各模块的一致性。

（5）闭环最大功率跟踪试验：检验 ±30 kV/1 MW 变换器采用输出电流闭环统一占空比控制时能否实现输入侧最大功率跟踪控制功能。

（6）动态均流、均压试验：验证在加入动态补偿环节后变换器各模块的均流、均压性能，包括输入电流动态补偿环节或输出电压动态补偿环节。

（7）变换器效率测试：测试 ±30 kV/1 MW 变换器的整机最大转换效率以及在不同输入功率下的转换效率，得到 ±30 kV/1 MW 变换器的转换效率曲线。

（8）故障试验：测试 ±30 kV/1 MW 变换器在发生内部故障包括内部短路故障、内部非短路故障以及外部故障情况下 ±30 kV/1 MW 变换器的控制保护能力。

（9）光伏直流升压变换器与 MMC 逆变器协调运行试验：验证变换器与 MMC 逆变器的协调运行试验，包括软启动、自动启停机、正常运行以及故障状态下的控制保护试验。

2.7.4　±10 kV/500 kW 变换器试验

1．电气性能试验指标及标准

根据变换器设计目标要求，表 2-22 给出了 ±10 kV/500 kW 串联型变换器的试验指标。

表 2-22　±10 kV/500 kW 串联型变换器试验指标

试验指标	数　值	试验指标	数　值
额定直流输出电压/kV	20	输出电压范围/kV	18 ~ 33
额定输出功率/kW	500	最大变换效率	≥95%
额定直流升压比	20	输出电流纹波系数	<5%

表 2-23 给出了 ±10 kV/500 kW 串联型变换器的基本试验项目所采用的测试标准。

表 2-23　±10 kV/500 kW 串联型变换器试验标准

试验指标	试验方法/标准
额定输出功率	《光伏发电并网逆变器技术规范》（NB/T 32004—2013）
最大变换效率	《光伏发电并网逆变器技术规范》（NB/T 32004—2013）
额定直流升压比	光伏直流并网接入实证研究平台两极之间正常工作电压差绝对值和标准测试条件（STC）下光伏阵列开路电压之比
输出电压范围	《电力工程直流电源设备通用技术条件及安全要求》（GB/T 19826—2014）
输出电流纹波系数	《电力工程直流电源设备通用技术条件及安全要求》（GB/T 19826—2014）
额定直流输出电压	《电力工程直流电源设备通用技术条件及安全要求》（GB/T 19826—2014）

2．电气性能试验方法

额定输出功率、最大变换效率、额定直流升压比、输出电压范围、额定直流输出电压等项目测试系统接线图如图 2-89 所示，此时光伏模拟器可工作于恒压源模式。详细测试方法如下：

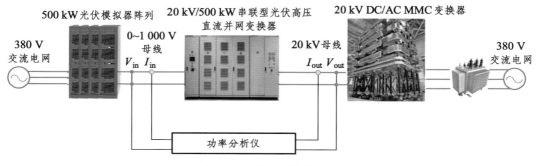

图 2-89　试验系统接线图

（1）额定输出功率：设定光伏模拟器阵列处于恒压源模式，并设定电压为 750 V，串联型变换器处于输出电流闭环控制模式，设定输出电流目标为 25 A，设定电网模拟器直流侧电压为 20 kV，随后启动串联型变换器，待变换器运行稳定后读取高压侧直流母线电压电流值（V_{out} 和 I_{out}），每次间隔 1 min，多次测量后取平均值。最大变换效率：设定光伏模拟器阵列处于恒压源模式，并设定电压为 750 V，串联型变换器处于输出电流闭环控制模式，设定输出电流目标为几个阶梯等级：2.5 A、5 A、7.5 A、10 A、12.5 A、15 A、17.5 A、20 A、22.5 A、25 A，设定电网模拟器直流侧电压为 20 kV，随后启动串联型变换器，待变换器运行稳定后读取高压侧直流母线电压、电流值（V_{out} 和 I_{out}）及低压侧直流母线电压、电流值（V_{in} 和 I_{in}），每次间隔 1 min，多次测量后取平均值。

（2）额定直流升压比：设定光伏模拟器阵列处于恒压源模式，并设定电压为 750 V，串联型变换器处于输出电流闭环控制模式，设定输出电流目标为 25 A，设定电网模拟器直流侧电压为 20 kV，随后启动串联型变换器，待变换器运行稳定后读取高压侧直流母线电压、电流值（V_{out} 和 I_{out}），每次间隔 1 min，多次测量后取平均值。输出电压范围：设定光伏模拟器阵列处于恒压源模式，并设定电压为 750 V，串联型变换器处于输出电流闭环控制模式，设定输出电流目标为 25 A，设定电网模拟器直流侧电压为 20 kV，随后启动串联型变换器，待变换器运行稳定后调整电网模拟器电压范围，读取高压侧直流母线电压值（V_{out}），每次间隔 1 min，多次测量后取平均值。

（3）额定直流输出电压：设定光伏模拟器阵列处于恒压源模式，并设定电压为

750 V，串联型变换器处于输出电流闭环控制模式，设定输出电流目标为 25 A，设定电网模拟器直流侧电压为 20 kV，随后启动串联型变换器，待变换器运行稳定后读取高压侧直流母线电压值（V_{out}），每次间隔 1 min，多次测量后取平均值。

（4）输出电流纹波系数：设定光伏模拟器阵列处于恒压源模式，并设定电压为 750 V，串联型变换器处于输出电流闭环控制模式，设定输出电流目标为几个阶梯等级：2.5 A、5 A、7.5 A、10 A、12.5 A、15 A、17.5 A、20 A、22.5 A、25 A，设定电网模拟器直流侧电压为 20 kV，随后启动串联型变换器，待变换器运行稳定后读取高压侧直流母线电流最大值、最小值、平均值（$I_{out-max}$、$I_{out-min}$、$I_{out-ave}$），每次间隔 1 min，多次测量后取平均值。

3. 性能试验数据计算方法

对多次试验的结果取平均值后，计算得到各试验指标的数值（计算方法如表 2-24 所示），将试验计算数值与设计指标进行对比，如在指标范围内，则满足设计要求。

表 2-24　±10 kV/500 kW 串联型变换器试验数据分析

试验指标	试验计算值
额定输出功率	$V_{out} \times I_{out}$
最大变换效率	（$V_{out} \times I_{out}$）/（$V_{in} \times I_{in}$）×100%
额定直流升压比	V_{out}/1 000
输出电压范围	V_{out}
输出电流纹波系数	（$I_{out-max} - I_{out-min}$）/（$2 \times I_{out-ave}$）×100%
额定直流输出电压	V_{out}

4. ±30 kV/1 MW 变换器分系统功能试验项目

变换器需满足输入功率波动在 0.2~1 倍额定功率时，其输出能够承担过高或过低的输出电压而不出现停机。

如图 2-90 所示，变换器 1、2 输入为恒压恒功率源，变换器 3 输入为光伏模拟阵列输出，试验时，变换器 1、2 输入功率不变，变换器 3 的光伏模拟器阵列载入一系列曲线，其最大功率点功率输出在 0.2~1 之间变化，此时 3 台变换器输出电压将发生变化，变换器内部将通过投切模块实现电压的大范围变化。

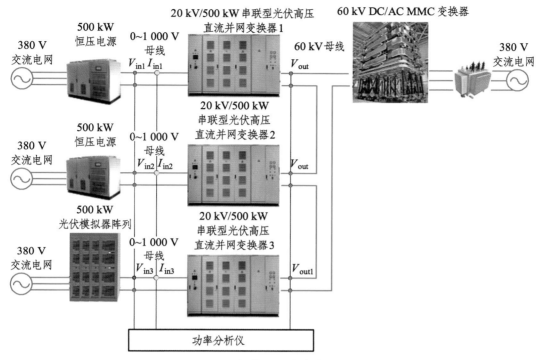

图 2-90　串联型系统试验接线图

记录变换器 3 输入功率分别为额定功率的 0.2、0.4、0.6、0.8、1 倍时的 V_{in1}、I_{in1}、V_{out1}、V_{in2}、I_{in2}、V_{out2}、V_{in3}、I_{in3}、V_{out3}。测试完成后，导出各串联型变换器模块切换时序数据，结合输出电压分析功率变化与模块投切之间的关系。

观察变换器 3 输入功率为额定功率的 0.2、0.4、0.6、0.8、0.1 倍时，3 台变换器能否稳定工作。随后计算在不同输入功率下各变换器参数是否符合下式要求：

$$\frac{V_{in1}I_{in1}}{V_{in1}I_{in1} + V_{in2}I_{in2} + V_{in3}I_{in3}} = \frac{V_{out1}}{V_{out1} + V_{out2} + V_{out3}} \tag{2-22}$$

第 3 章

MMC 结构的 DC/AC 设备研制

　　光伏阵列模块化直流升压汇集后，由直流线路送出，再经高压 DC/AC 的逆变，接入现有 35 kV 交流电力系统。本书中 DC/AC 设备采用模块化多电平换流器。本章概述柔性直流输电的换流理论，介绍研制 ± 30 kV 5 MW DC/AC 设备过程中的关键技术。

3.1　柔性换流器基础

　　柔性直流输电技术发展到目前，可以划分为两个阶段：第 1 个发展阶段是 20 世纪 90 年代初到 2010 年。这一阶段柔性直流输电技术基本由 ABB 公司（Asea Brown Bover iLtd.）垄断，采用的换流器是二电平或三电平电压源换流器（VSC），基本调制理论是脉冲宽度调制（PWM），第 2 个发展阶段是 2010 年以后。2010 年 11 月，美国在圣弗朗西斯科建设 Trans Bay Cable 柔性直流输电工程。该工程由西门子公司秉承，采用的换流器是模块化多电平换流器（MMC），换流理论为阶梯波逼近调制方式。

3.1.1　二电平和三电平电压源换流器

　　已有柔性直流输电工程采用的电压源换流器主要有 3 种，即二电平换流器、二极管箝位型三电平换流器和模块化多电平换流器（MMC）。三相二电平电压源换流器拓扑结构如图 3-1 所示，其由 6 个桥臂和阀组模块构成，三相 6 个阀组依次命名为 $S_1 \sim S_6$，换流器的 三 相 6 个开关阀组允许每相交流端均可与正直流母线或负直流母线相连，电压源换流器总共有 8 种可能的工作状态：【000】【001】【010】【011】【100】【101】【110】【111】。其中"1"表示上半桥臂 IGBT 导通、下半桥臂 IGBT 关断；"0"表示上半桥臂 IGBT 关断、下半桥臂 IGBT 导通。直流侧中性点为假想参考电位点，直流电压为 U_{DC}，上、下两个电容额定电压均为 $\dfrac{U_{DC}}{2}$。交流侧通过连接阻抗与交流电源相连，其中交流侧电感包括每相电抗器的电感、变压器漏感以及交流电源的内部电感；交流侧电阻包括每相电抗器中的电阻以及交流电源的内阻。交流侧中性点记为 N。

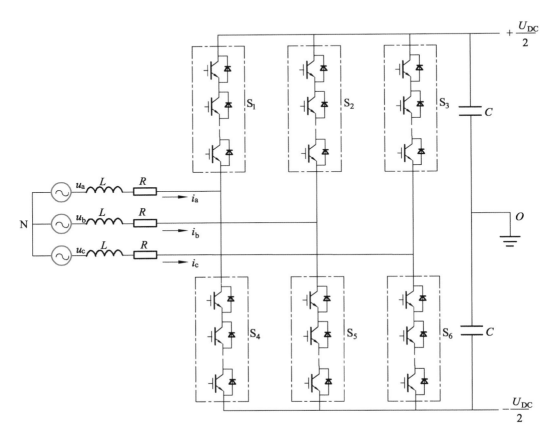

图 3-1　三相二电平电压源换流器拓扑结构

　　在高压大功率情况下，为提高换流器容量和系统的电压等级，每个桥臂由多个 IGBT 及其并联的二极管相互串联获得，其串联的个数由换流器的额定功率、电压等级和电力电子开关器件的通流能力与耐压强度决定。二电平电压源换流器可采用方波调制和 PWM 调制控制三相 6 个开关阀组的开断。为降低低次谐波含量以便于滤波器设计，工程应用中一般采用 PWM 调制方式。相对于接地点，二电平单相换流器如图 3-2 所示。显然，二电平换流器通过脉冲宽度调制使每相输出两个电平，即 $\dfrac{U_{DC}}{2}$ 和 $-\dfrac{U_{DC}}{2}$ 逼近正弦波。

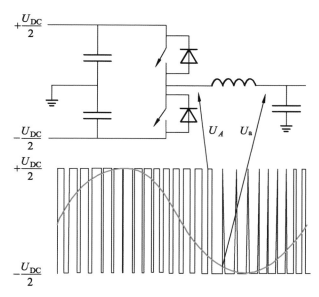

图 3-2　二电平换流器的单相输出

　　三相二电平拓扑是目前工程中应用最广泛的电压源换流器拓扑，其良好的可靠性以及灵活的功率控制特性已在众多实际工程长时间运行的过程中得到检验。但是，二电平换流器在实际运行中也暴露了开关损耗过高、高压阀组动静态均压困难、阀组开关过程中电气应力大等缺陷。

　　二极管型三电平电压源换流器拓扑结构如图 3-3 所示，每相均由 4 个全控型开关器件阀组、4 个续流二极管阀组及 2 个箝位二极管阀组构成。当 T_{a1} 与 T_{a2} 同为导通时，输出端 A 对中性点的电平为 $+U/2$；当 T_{a2} 与 T_{a3} 同为导通时，输出端 A 和 O 点相连，因此它的电平为 0；当 T_{a3} 与 T_{a4} 同为导通时，输出端 A 对 O 点的电平为 $-U_a/2$。所以每相桥臂能输出 3 个电平状态，其单相输出波形如图 3-4 所示。显然，三电平换流器也是通过脉冲宽度调制逼近正弦波。

　　二极管箝位型多电平电压源换流器是出现最早的一种多电平换流器拓扑，这种换流器拓扑是二电平电压源换流器的改进型拓扑，其特点是控制方式比较简单，便于双向功率流动的控制，这能在一定程度上提升换流器的运行性能；其缺点是直流电容的均压较为复杂和困难，拓扑构成复杂，难以实现高电平输出。如果要求换流器的输出电平数增多，其所需的箝位器件急剧增加，会给系统控制、换流器装配带来极大的困难。

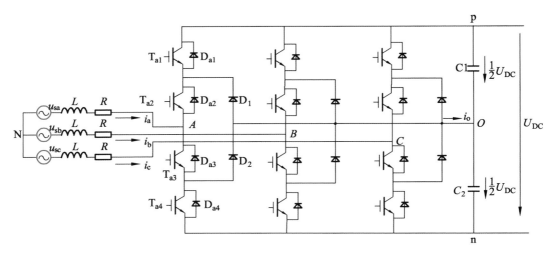

图 3-3　二极管箝位型三电平电压源换流器拓扑结构

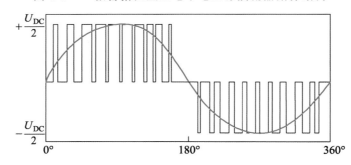

图 3-4　三电平换流器单相输出波形

3.1.2　模块化多电平换流技术

　　MMC 拓扑的基本功率单元由大量的子模块组成。与传统 VSC 结构的换流器相比，MMC 具有以下几方面的优点：

　　（1）输出谐波含量低。MMC 的特点是可以输出多电平，输出波形中的谐波含量很低，因此在换流器的输出侧不需要额外添加滤波装置。

　　（2）损耗小。由于 MMC 系统运行时可以通过改变调制方式使系统的等效开关频率大大提高，从而实现降低系统中每一个开关器件的开关损耗。相同容量的 MMC 和传统的 VSC 结构相比，前者的开关损耗要远远小于后者。

　　（3）均压简单。在大功率 VSC 变换器中，为了能够保证在一个桥臂中所有的 IGBT 能够同时进行开通和关断，往往需要将 IGBT 的开关误差控制在很短的时间内。而在

MMC 系统中，由于是采用多个子模块级联结构，只需要对每个子模块的电容电压进行独立控制即可。对子模块电容上的电压控制时间要求也没有传统的精确，能实现在毫秒级的速度即可。均压问题是一直困扰 VSC 的一个难题，并且由于采用了级联结构，这导致降低了单个 IGBT 的耐压等级。

MMC 系统可运行在三相不平衡状态下。由于在 MMC 系统中没有直流侧电容器，储能电容分散到每相上，因此三相之间没有关联，可以分别进行独立的控制。同时 MMC 在出现了三相系统电压不平衡故障时，无须关闭整个系统依然可以实现在故障条件下运行。例如，当某一相上出现了单相对地短路的故障时，可以控制另外两相正常运行，而且可在系统能够承受的条件下加大另外正常两相的输送功率，提高系统的输送功率。

MMC 与二电平、三电平传统电压源型换流器的不同之处在于直流侧电容被分散到各个桥臂上，换流器桥臂可以等效看成可控电压源。采用该技术，一方面通过基本子模块的串联来提升电压等级和容量，避免大量开关器件直接串联所带来的诸多问题；另一方面，在高电压大容量的应用场合，换流器输出电压的阶梯数将达到几十甚至上百。研究表明，当电平数大于 29 时，输出波形总谐波畸变率已经达到 IEC 标准，可大大减少滤波器容量甚至于不再需要装设滤波器。

MMC 与二电平 VSC 主要技术指标对比如表 3-1 所示。

表 3-1　MMC 与二电平 VSC 主要技术指标对比

技术内容	二电平 VSC	MMC
换流器技术原理	基于脉宽调制技术	基于模块化多电平阶梯波调制技术
交流输出电压	二电平输出电平、谐波大	多电平输出电压、谐波小
换流器控制	可关断器件串联控制复杂	换流阀基控制器较为复杂
换流器损耗	开关频率高、损耗大	开关频率低、损耗小
换流阀电气应力	低电压、暂态应力高	多电平技术、暂态应力低
电压等级和容量扩展	开关器件串联技术难度大	模块化设计、易扩展
换流器体积	相对较小	相对较大

除了上述优点外，MMC 电路无须输出变压器，节约了工程成本，而且模块化的设计思想便于对系统扩容和对子模块进行冗余设计。在 MMC 工程中子模块数目往往非常大，例如在美国的 TBC 工程中，每一相子模块数达到了 532 个，在法国和西班牙的 MMC 工程中每个桥臂的子模块数超过了 400 个。而 MMC 输出的波形正弦性较好，无须安装专门的滤波器，可节省占地面积。优化的调制方式可使得器件开关频率降到

很低，大幅降低开关损耗。同时，MMC 的模块化设计使其在安装扩容时变得十分便捷。与第一代换流器技术相比，由于采用模块化的设计思想，通过将能量分散在多个子模块上，有效减少每一个子模块承受的电压应力，可增大系统输送功率等级。由于在 MMC 中每个子模块上的电容电压处于浮动状态，导致其容易发生变化。要使子模块电容电压稳定在额定值就会增加系统控制的复杂程度。电容的充放电会导致出现相间环流，增大系统损耗，因此对相间环流的抑制也是十分必要。这些问题的存在使得模块化多电平变换器的控制环路变得非常复杂。

MMC 以其巧妙的模块化设计，不仅降低了输出电压谐波含量，还增强了系统可靠性，提高了系统的容量等级。由于 MMC 可以显著提高系统的容量，因此 MMC 在大容量的高压输电工程中得到了越来越多的应用。Siemens 公司建设了世界上第一个 MMC-HVDC 工程，这个工程中的换流站就采用了 MMC 技术。

我国自主建设的采用 MMC 技术作为换流站的高压直流输电工程是位于上海的风电场工程，用来实现将风电场并入电网。我国的第 1 个五端口 MMC-HVDC 是位于舟山的示范工程。MMC 凭借明显的优势在高压直流输电工程中得到大量的应用。目前，国内外的专家学者对于 MMC 研究主要集中在子模块的拓扑结构变化、系统调制策略、子模块电容电压均衡控制、环流谐波抑制、启动控制等方面。

相对于二电平 VSC-HVDC 系统，光伏直流升压汇集采用 MMC-HVDC 系统并网的主要优势在于：桥臂电抗代替了换相电抗，同时能够抑制桥臂环流；采用多电平叠加技术，可以省去交流滤波装置；直流电容分散到各个桥臂子模块中，无集中直流支撑电容。

目前新能源外送经历了从高压交流输电、传统高压直流输电到柔性直流输电方式的转化。模块化多电平柔性直流输电采用 SPWM 技术，大大降低了电力电子器件的开关频率，减少了谐波含量与损耗。从技术上避免使用滤波器，既能够改善高压交流输电技术传输容量小、距离短、电压频率等指标较低、需要加装无功补偿装置等问题，还能优化传统直流输电换相失败、潮流方向单一、无法实现有功无功分别控制等问题。因此，本工程采用模块化多电平柔性直流输电技术实现光伏发电站外送，对电网稳定性、电网效益及自身的经济实用性都具有示范意义。

3.2 MMC 型柔性换流器工作原理

MMC 是由多个结构相同的子模块级联而成，可以通过增减接入 MMC 子模块的数量满足不同功率和电压等级的要求，目前已被广泛应用在柔性直流输电领域和新能源发电领域。

3.2.1　MMC 型柔性换流器结构

三相 MMC 拓扑结构如图 3-5 所示，每个相单元包含上、下两个桥臂，每个桥臂包含 N 个子模块和一个桥臂电抗器。在图 3-5 中，L_r 为桥臂电抗器；L 为交流侧滤波电感；v_a、v_b、v_c 为交流电压；i_a、i_b、i_c 为交流电流；i_{ap}、i_{bp}、i_{cp} 分别为相单元 A、B、C 上桥臂电流；i_{an}、i_{bn}、i_{cn} 分别为相单元 A、B、C 下桥臂电流；u_{ap}、u_{bp}、u_{cp} 分别为相单元 A、B、C 上桥臂电压；u_{an}、u_{bn}、u_{cn} 分别为相单元 A、B、C 下桥臂电压；V_{DC} 为直流侧电压。目前常用的子模块结构为半桥型、全桥型以及箝位双子模块，分别如图 3-6（a）、（b）和（c）所示。与传统的 VSC 拓扑不同，MMC 的各桥臂中串联了桥臂电感，该电感不仅可以抑制因各相单元桥臂电压瞬时值不完全相等而造成的相间环流，还可以有效抑制直流母线发生故障时的浪涌电流。下面分别对半桥、全桥、箝位双子模块的工作原理进行分析。

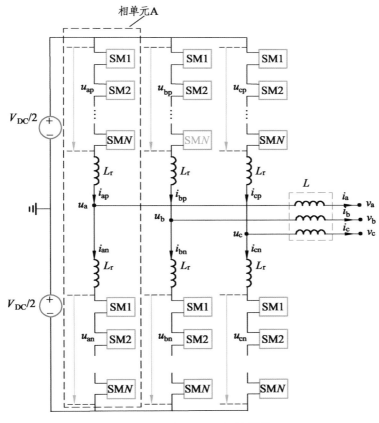

图 3-5　三相 MMC 拓扑结构

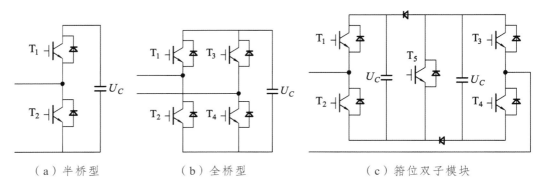

（a）半桥型　　　　　（b）全桥型　　　　　（c）箝位双子模块

图 3-6　常用的子模块的结构

3.2.2　半桥子模块

半桥子模块拓扑结构如图 3-7 所示，由一个半桥单元及直流储能电容器构成。该半桥单元包括两个反并联二极管的绝缘栅双极晶体管（IGBT），可以通过控制子模块上、下 IGBT 的触发信号，使各个子模块在不同的工作状态下运行。

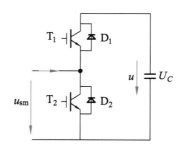

图 3-7　半桥子模块拓扑结构

根据子模块的结构，通过对子模块上、下 IGBT 的触发信号进行控制，可使子模块端口的输出电压在 U_C 和 0 之间转换，从而决定该子模块的投入和切除情况，使其运行在不同的工作状态下。图 3-7 中 U_C 为子模块电容电压；i_{sm} 为子模块所在的桥臂上流通的电流大小；u_{sm} 为子模块的输出电压。开关函数 S_X 定义为：

$$S_X = \begin{cases} 1, & \text{表示器件处于开通状态} \\ 0, & \text{表示器件处于关断状态} \end{cases}$$

其中，X 表示子模块中的 IGBT 和二极管。

当上侧 IGBT 处于导通状态、下侧 IGBT 处于关断状态（$S_{T1}=1$，$S_{T2}=0$）时，电流 i_{sm} 流经子模块上侧的 T_1 或者 D_1，此时子模块电容在电流 i_{sm} 的作用下会进行充电或放电，当电流为正时对应模式 1 子模块电容充电；当电流为负时对应模式 2 子模块电容放电，这种状态被称为"投入"状态，子模块输出电容电压 $U_{sm}=U_C$；当上侧 IGBT 处于关断状态、下侧 IGBT 处于导通状态（$S_{T1}=0$，$S_{T2}=1$）时，电流 i_{sm} 流过子模块下侧的 T_2 或者 D_2，此时子模块的电容电压会维持不变，这种状态被称为"切除"状态，对应模式 3 或模式 4，子模块输出电压 $U_{sm}=0$，子模块被旁路出主电路。

在正常运行状态下，IGBT 会互补开通，$S_{T1}+S_{T2}=1$；由于故障而导致封锁脉冲出现时，会使 T_1、T_2 同时加关断信号，这种状态被称为"闭锁"状态。电流为正时，电流经 D_1 向电容充电，对应模式 5；电流为负时，电流经 D_2 旁路电容器，对应模式 6，子模块闭锁只用于 MMC 启动时或发生故障时。

将两个功率开关定义为 S_1 和 S_2，具体的工作状态情况如表 3-2 所示。

表 3-2 半桥子模块的开关状态

工作模式	S_1	S_2	i_{sm}	U_{sm}	电容状态
正常模式	1	0	>0	U_C	充电
	0	1	>0	0	不变
	1	0	<0	U_C	放电
	0	1	<0	0	不变
闭锁模式	0	0	>0	U_C	充电
	0	0	<0	0	不变

图 3-8 给出了具体的带有桥臂电流方向的 6 种工作模式。

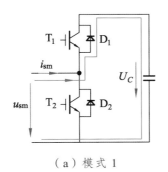

（a）模式 1

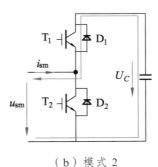

（b）模式 2

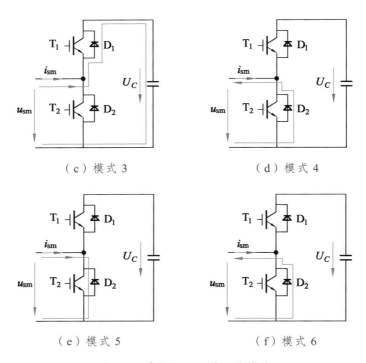

（c）模式 3　　　　　　　　　（d）模式 4

（e）模式 5　　　　　　　　　（f）模式 6

图 3-8　半桥 MMC 的工作模式

3.2.3　全桥子模块

全桥子模块拓扑结构如图 3-9 所示，图中，$S_1 \sim S_4$ 为功率开关；U_C 为直流储能电容的电压；u_{sm} 为子模块的输出电压；i_{sm} 为子模块所属桥臂上流通的电流。

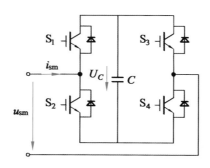

图 3-9　全桥子模块拓扑结构

全桥子模块各开关状态与其输出电压之间的关系如表 3-3 所示。

表 3-3　全桥子模块的开关状态

工作模式	S_1	S_2	S_3	S_4	i_{sm}	u_{sm}	电容状态
正常模式	1	0	0	1	>0	U_C	充电
	0	1	0	1	>0	0	不变
	1	0	1	0	>0	0	不变
	0	1	1	0	>0	$-U_C$	放电
	1	0	0	1	<0	U_C	放电
	0	1	0	1	<0	0	不变
	1	0	1	0	<0	0	不变
	0	1	1	0	<0	$-U_C$	充电
闭锁模式	0	0	0	0	>0	U_C	充电
	0	0	0	0	<0	$-U_C$	放电

由表 3-3 可知，全桥子模块在正常工作模式下可以输出 0、U_C 和 $-U_C$ 三种电压。在投入状态中，根据桥臂电流的方向，子模块输出 U_C 和 $-U_C$；在切除状态下，子模块输出电平为 0。由于输出有负电平，子模块控制灵活性高，更适合用在一些特殊场合，如需要直流电压极性翻转和功率潮流翻转的场合中。

3.2.4　箝位双子模块

箝位型双子模块相对于半桥型、全桥型在结构上最为复杂，如图 3-10 所示，它由 5 个开关器件、2 个箝位二极管、2 个储能电容组成。从拓扑结构上看，箝位双子模块子模块输出电平包含 3 种状态：0、U_C 和 $2U_C$。该子模块可以等效为两个级联的半桥型 MMC。半桥型 MMC 的控制策略可移植到全桥型 MMC 和箝位双子模块型 MMC 中。

和半桥型 MMC 相比，虽然全桥型 MMC 和箝位双子模块 MMC 使用的开关器件较多，但这两种拓扑结构具有直流故障电流抑制能力，可以把直流侧故障的能量迅速转移到子模块电容上，并利用二极管的单向导电性和子模块电容电压加速故障电流的熄弧过程。

在直流侧故障时，可以通过闭锁所有的开关器件，利用箝位型双子模块（CDSM）自身的拓扑结构实现对故障电流的自清除。虽然 CDSM 额外的器件增加了损耗，但它可以利用自身的拓扑结构实现故障清除，因此 CDSM 结构得到了越来越多的研究与应用。

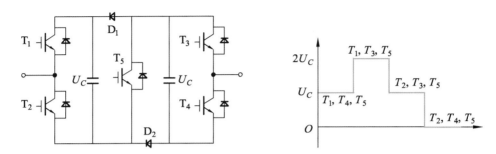

图 3-10　箝位双子模块拓扑结构及其工作波形

箝位双子模块是由两个半桥单元经过两个箝位二极管和一个带续流二极管的引导 IGBT 串并联构成，其拓扑结构如图 3-11 所示。其中，C 为子模块电容；U_C 为子模块电容额定电压；U_o 为子模块输出电压。下面对 CDSM 的工作原理进行分析。

CDSM 有两种工作模式：正常工作模式和闭锁工作模式。在正常运行情况下，D_1、D_2 上无电流通过，引导 IGNT（T_5）一直处于导通状态，可以将箝位双子模块等效成两个 HBSM 级联，等效电路如图 3-12 所示。因此，传统基于半桥的子模块的 MMC 调制策略和控制策略都可适用于 C-MMC。当出现直流侧故障时，系统将所有的 IGBT 封锁，此时整个子模块的输出电压取决于流过子模块的电流方向。CDSM 子模块工作状态和对应的开关管状态如表 3-4 所示。

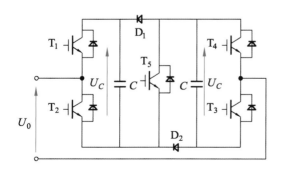

图 3-11　箝位双子模块拓扑结构

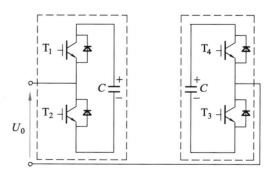

图 3-12　正常运行时的 CDSM 等效电路

表 3-4　CDSM 子模块工作状态和对应的开关管状态

模式	T_1	T_2	T_3	T_4	T_5	U_{ao}	U_{ob}	U_{sm}
正常模式	1	0	1	0	1	U_c	U_c	$2U_c$
	1	0	0	1	1	U_c	0	U_c
	0	1	1	0	1	0	U_c	U_c
	0	1	0	1	1	0	0	0
闭锁模式	0	0	0	0	0	U_c	U_c	$2U_c$
	0	0	0	0	0	$-U_c$	$-U_c$	$-U_c$

　　在 CDSM 结构中，根据 IGBT 的开关状态和子模块电流方向，可以将 CDSM 的工作状态分成 4 类，CDSM 在每一种工作状态下输出的电压不同，等效模型也不同。由于在运行状态下，为了避免电容出现短路，同一半桥的上、下开关管是禁止同时导通的，因此对这种状态不进行详细讨论，只对其他 3 种状态进行详细分析。中间的开关管 T_5 在正常工作状态下处于闭合状态，只有在直流侧故障时将中间的开关管 T_5 断开。

　　当所有的开关管都闭锁时，称该状态为状态 1。在这种状态下，根据子模块电流的方向不同，其存在两种工作模式，分别如图 3-13 和图 3-14 所示。定义电流流入子模块的方向为正，电流流出子模块的方向为负。当电流为正时，电流经过 T_1 的体二极管、电容 C_1、T_5 的体二极管、电容 C_2、T_3 的体二极管流出子模块，此时整个子模块可等效为一个电容（电容的容量为 $C/2$）和二极管串联，子模块对外输出电压为 $2U_c$，等效电路如图 3-13（b）所示，这种情况简称为工作模式 1。工作模式 1 可用在柔性直流输电启动时对子模块电容充电，利用开关管的二极管，可对每一个子模块的电容进行充电。

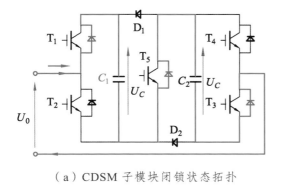 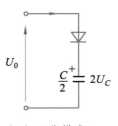

（a）CDSM 子模块闭锁状态拓扑　　　　　　（b）工作模式 1

图 3-13　CDSM 子模块闭锁状态串联模式 1

当电流方向为负时，电流经过 T_4 的体二极管、电容 C_2、二极管 D_2（或 T_4 的体二极管、二极管 D_1、电容 C_1）、T_3 的体二极管流出，此时子模块可等效为一个电容（容量为 $2C$）和二极管串联，子模块对外输出电压为 U_C，等效电路如图 3-14（b）所示，这种情况简称为工作模式 2。工作模式 1 和工作模式 2 都是只有在直流侧系统出现故障时才能使用，在正常工作状况下不会出现。为了方便后续叙述，称这两种状态为闭锁状态。

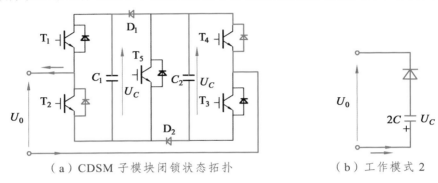

（a）CDSM 子模块闭锁状态拓扑　　　　　（b）工作模式 2

图 3-14　CDSM 子模块闭锁状态并联模式 2

子模块正常工作时中间的开关管 T_5 处于闭合状态，可对外输出 3 种电压，分别是 $2U_C$、U_C、0。当开关管 T_1、T_5、T_3 处于开通状态、子模块输出 $2U_C$ 时，相当于将两个半桥子模块级联全部投入工作，子模块的电流回路如图 3-15 所示。由于子模块中的开关管均包括体二极管，因此，工作在这种状态下的子模块电流回路与闭锁状态下的子模块电流回路相同，这种工作模式称为模式 3。

当开关管 T_1、T_5、T_4 处于开通状态时，电流经过开关管 T_1、电容 C_1、开关管 T_5、电容 C_2、开关管 T_4 流出子模块，此时整个 CDSM 只有电容 C_1 处于投入，而电容 C_2 处于切除状态，整个子模块对外输出电压为 U_C，这种工作模式称为工作模式 4。子模块的电流回路如图 3-16 所示。

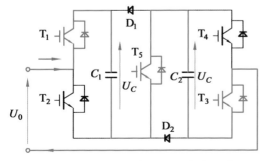 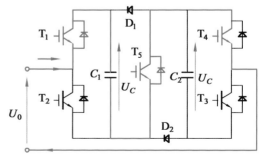

图 3-15　CDSM 子模块投入状态串联模式 3　　　图 3-16　CDSM 子模块投入状态单电容模式 4

　　与此对应，当开关管 T_2、T_5、T_3 处于开通状态时，电流经过开关管 T_2、开关管 T_5、电容 C_2、开关管 T_3 流出子模块，此时整个 CDSM 只有电容 C_2 处于投入，而电容 C_1 处于切除状态，整个子模块对外输出电压为 U_C，这种工作模式称为工作模式 5。子模块的电流回路如图 3-17 所示。工作模式 3、工作模式 4、工作模式 5 这 3 种模式称为投入状态。

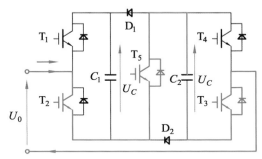

图 3-17　CDSM 子模块投入状态单电容模式 5

　　当开关管 T_2、T_5、T_4 处于导通状态时，子模块中的电容 C_1、C_2 都没有投入，整个子模块对外输出电压为 0。子模块电流回路如图 3-18 所示。当电流方向为正时，子模块电流回路如图 3-18（a）所示；当子模块电流为负时，子模块电流回路如图 3-18（b）所示。

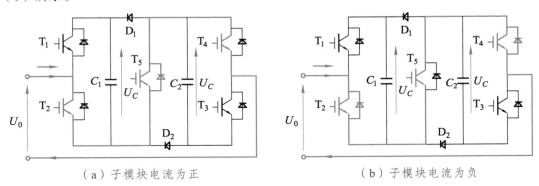

（a）子模块电流为正　　　　　　　　　　　　（b）子模块电流为负

图 3-18　CDSM 子模块旁路状态

　　半桥子模块、全桥子模块和箝位双子模块是最常见的拓扑结构，还有其他的结构，但都是由这些基本拓扑结构变形组合而成的。不同的子模块都有自己的优点和缺点，所以在选择子模块拓扑结构时，要结合需求，分析整个系统对开关损耗、系统特点以及复杂程度的要求，选择合适的子模块拓扑。如表 3-5 所示是不同拓扑结构子模块的特性。

表 3-5　不同拓扑结构子模块的特性

子模块类型	HBSM（半桥子模块）	CDSM（箝位双子模块）	FBSM（全桥子模块）
输出电平数目	2	3	3
最大输出电压	U_C	$2U_C$	U_C
开关管数量	2	5	4
开关损耗	低	中等	高
子模块复杂度	低	高	低
控制复杂度	低	高	低

　　本书中全半桥混合 MMC 拓扑采用全桥和半桥的比例各为 50%。如图 3-19 所示为单相全桥与半桥子模块混合型 MMC 的拓扑结构，它具有上、下两个桥臂，每个桥臂由 N 个子模块级联构成，其中 SM_f 代表全桥子模块，个数为 L；SM_h 代表半桥子模块，个数为 $N-L$。L_s 为桥臂电抗器；R_d 和 L_d 为负载；u_p 和 u_n 分别表示上、下桥臂的输出电压；i_p 和 i_n 分别表示上、下桥臂流通的电流；u 和 i 分别为输出相电压和相电流；U_{DC} 为直流母线电压。

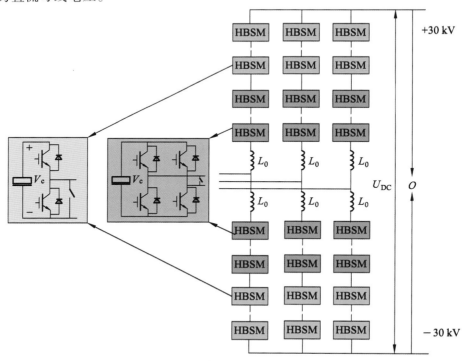

图 3-19　混合型 MMC 的拓扑结构

3.2.5　MMC 工作原理

在 MMC-HVDC 系统正常运行状态下，使 FBSM 和 HBSM 的工作状态相同，即保持 S_3 关断和 S_4 导通，改变 S_1 和 S_2 的导通状态实现输出电压 $+U_C$ 和 0 的切换。其目的在于避免输出电压为 0 时 S_1 和 S_3、S_2 和 S_4 反复切换，以降低开关损耗。当 S_1 和 S_2 都关断时，全桥子模块进入闭锁状态。

MMC 正常运行的过程中，稳态特性与子模块的具体结构无关，每个桥臂可等效为受控的基波电压源，则 MMC 单相等效电路如图 3-20 所示。

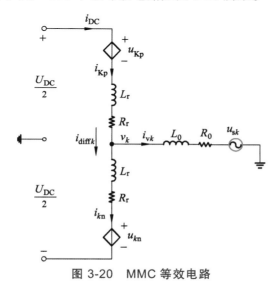

图 3-20　MMC 等效电路

i_{kp}、i_{kn} 分别为流经 k 相上、下桥臂的桥臂电流；i_{diffk} 为环流，同时流经上、下桥臂；L_r 为桥臂电抗；R_r 为等效电阻。串入桥臂电抗器主要有以下作用：在桥臂电流的作用下，子模块电容不断充放电，这使得各相单元产生不相等的直流电压，从而导致了在桥臂间流动的环流。桥臂电抗器串入后可有效抑制环流。当发生直流短路故障时，桥臂电抗还能抑制交流冲击电流，使 IGBT 可靠关断。

由于 MMC 上、下桥臂对称，且桥臂电抗 L_r 相等，故交流电流 i_{vk} 在上、下桥臂间平均分配。根据基尔霍夫电流定律，可得桥臂电流和环流间的关系：

$$\begin{cases} i_{kp} = i_{diffk} + \dfrac{1}{2}i_{vk} \\ i_{kn} = i_{diffk} - \dfrac{1}{2}i_{vk} \end{cases} \tag{3-1}$$

因此：

$$i_{\text{diff}k} = \frac{i_{kp} + i_{kn}}{2} \tag{3-2}$$

根据基尔霍夫电压定律，可以得到输出侧电压方程：

$$v_k = \frac{1}{2}U_{\text{DC}} - u_{kp} - L_r\frac{\mathrm{d}i_{kp}}{\mathrm{d}t} - R_r i_{kp}$$
$$= -\frac{1}{2}U_{\text{DC}} + u_{kn} + L_r\frac{\mathrm{d}i_{kn}}{\mathrm{d}t} + R_r i_{kn} \tag{3-3}$$

从而推导得到：

$$v_k = \frac{u_{kn} - u_{kp}}{2} - \frac{1}{2}\left(L_r\frac{\mathrm{d}i_{vk}}{\mathrm{d}t} + R_r i_{vk}\right) \tag{3-4}$$

$$U_{\text{DC}} - (v_{kp} + v_{kn}) = 2\left(L_r\frac{\mathrm{d}i_{\text{diff}k}}{\mathrm{d}t} + R_r i_{\text{diff}k}\right) \tag{3-5}$$

定义 e_k 为 k 相内部电动势，则可将交流侧电抗器等效为：

$$\begin{cases} L_s = \dfrac{L_r}{2} + L_0 \\ R_s = \dfrac{R_r}{2} + R_0 \end{cases} \tag{3-6}$$

直流电压与子模块电容电压的关系可以表示为：

$$V_{Cja} = \frac{U_{\text{DC}}}{n} \tag{3-7}$$

其中，V_{Cja} 为 a 相第 j 个子模块的平均电容电压；n 为桥臂中子模块的数量。

对交流侧而言，上、下桥臂电抗器可看作并联后串入交流线路，其等效电路如图 3-21 所示。等效后的电路与二电平变换器类似，从而可将二电平换流器已有的双闭环控制应用在 MMC 中。通过适当控制，MMC 同样可以在 4 象限运行。

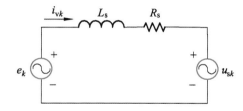

图 3-21　交流侧等效电路

3.3　MMC 换流器调制方法

　　电压源换流器是基于全控器件，在一个工频周期内对开关多次施加开通、关断信号，可在交流侧产生相关的交流电压波形。控制开关器件开通和关断的方法即调制方式。调制方式对电压源换流器功能性能有关键的影响，一个好的调制方式应具备以下特点：

　　（1）调制波逼近能力强。交流侧输出电压中的基波分量尽可能逼近调制波。

　　（2）谐波含量少。谐波含量对系统损耗及稳定性均有一定影响，应尽可能减少。

　　（3）开关次数低。开关损耗在换流器损耗中占主导地位。降低开关次数可提升系统效率。

　　（4）响应速度快。调制方式应满足快速跟随调制波变化的要求。

　　（5）计算量小。大的计算量对控制器性能有更高要求，减少计算量可节约成本。

　　多载波层叠脉冲宽度调制（Carrier Disposition-Pulse Width Modulation，CD-PWM）采用 N 个周期、幅值相等的三角波在横轴上、下连续层叠，与同一个正弦调制波进行比较。根据调制波与各个三角波的大小关系决定对应开关管的开关状态。CD-PWM 应用在 MMC 时，当调制波大于三角波，输出为 1，产生高电平驱动信号，子模块上管导通，处于投入状态；当调制波小于三角波，产生低电平驱动信号，子模块切除，输出为 1，即为子模块应投入的个数。如此确定上、下桥臂投入子模块的数量后，便能实现 MMC 特定电平电压的输出。

　　根据各载波相位关系，CD-PWM 可分为：同相层叠（Phase Disposition-PWM，PD-PWM）、正负反向层叠（Phase Opposition Disposition-PWM，POD-PWM）和交错反向层叠（Alternative Phase Opposition Disposition PWM，APOD-PWM）。PD-PWM 中所有三角载波相位相同；POD-PWM 使横轴以上的三角载波与横轴以下的三角载波反向，相位相差 180°；APOD-PWM 中相邻的三角载波两两反向，如图 3-22 所示。

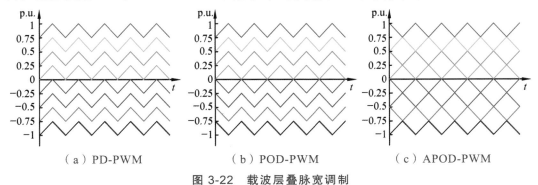

（a）PD-PWM　　　　　　（b）POD-PWM　　　　　　（c）APOD-PWM

图 3-22　载波层叠脉宽调制

在 3 种 CD-PWM 中，PD-PWM 相较于另外两种具有良好的线电压谐波消除性能。以 PD-PWM 为例，对于每相 $2N$ 个子模块的 MMC，每个桥臂需要 N 个三角载波与正弦调制波进行比较。以 5 电平 MMC（$N=4$）为例，a 相输出电压如图 3-23 所示。

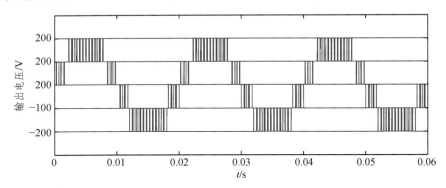

图 3-23　PD-PWM 调制下的 a 相 MMC 输出电压

对于（$N+1$）个电平的换流器，载波移相调制技术（Carrier Phase Shifted-PWM，CPS-PWM）采用 N 条周期、幅值相等，但相位上应间隔 $360°/N$ 的三角载波与正弦调制波进行比较。用于 MMC 时，每条载波的比较结果对应一个子模块的投切状态和输出电平。若调制波大于载波，则子模块投入；若调制波小于载波，则子模块切除。若 MMC 上、下桥臂均有 N 个子模块，上桥臂或下桥臂的 N 组 PWM 波叠加后得到上、下桥臂应投入的子模块个数。若下桥臂 N 条载波的相位与上桥臂一致，则 MMC 输出（$N+1$）个电平；若下桥臂 N 条载波的相位相对上桥臂有 $180°/N$ 的移相，则输出（$2N+1$）个电平，如图 3-24 所示。图中，$N=4$，下桥臂载波相对于上桥臂又有 $45°$ 的相位移动。由于电平数的增加，输出电压谐波含量明显减少，波形质量变好。但此时任一时刻上、下桥臂投入的子模块个数不再等于 N，而是在（$N-1$），N，（$N+1$）间变化。这会增大上、下桥臂输出电压之和与直流母线电压的差值，这部分电压差降在桥臂电感上使环流增大。如图 3-25 所示给出了 $N=4$ 时采用 CPS-PWM 调制的示意图。

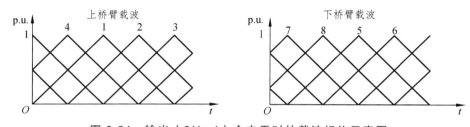

图 3-24　输出（$2N+1$）个电平时的载波相位示意图

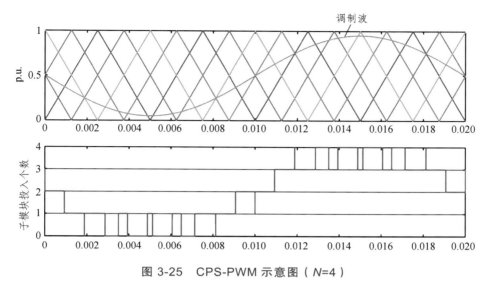

图 3-25　CPS-PWM 示意图（N=4）

最近电平逼近调制（Nearest Level Modulation，NLM）通过控制 MMC 上、下桥臂子模块投入个数的不同组合达到尽可能逼近正弦波的效果。对于 N 个子模块的 MMC，上、下桥臂投入个数有（N+1）种组合，即（0，N）（1，N−1）…（N，0）。当上、下桥臂子模块投入个数均为 N/2 时，该相单元输出 0 电平。若调制波逐渐增大，则上桥臂子模块投入个数减少，下桥臂投入个数增加，相单元输出电平随之增大。

设调制波为 $u_s(t)$，则上桥臂应投入的子模块个数为：

$$n_{up} = \frac{N}{2} - round\left(\frac{u_s}{U_c}\right) \tag{3-8}$$

下桥臂应投入的子模块个数为：

$$n_{down} = \frac{N}{2} + round\left(\frac{u_s}{U_c}\right) \tag{3-9}$$

式中，函数 $round(u_s/U_c)$ 表示取最接近 (u_s/U_c) 的整数。NLM 调制输出电压与调制波的误差在 $\pm U_c/2$ 之间。相同直流母线电压下，MMC 电平数越多，输出电压梯度越小，即 U_c 越小，那么误差也就越小。所以最近电平逼近调制适用于模块数比较多的场合。

正常工作时，按式（3-8）和式（3-9）计算出的 n_{up}、n_{down} 应在 [0，N] 这一区间内。若超出此区间，则说明在 NLM 调制下 MMC 输出电压无法在 $\pm U_c/2$ 误差以内逼近调制波。此时，NLM 工作在过调制状态。

3.4　MMC 换流器预充电控制

　　在 MMC 启动过程中，SM 的直流电容在交流电路中相当于短路状态，从而造成 MMC 在启动初始阶段有较大的充电电流。为了使 SM 的直流电压快速上升到正常运行水平，而不产生严重的过电压和过电流，需要在启动回路中串联预充电系统，把 MMC 的充电电流限制在一个可控的范围内。预充电过程中，混合式 MMC 拓扑结构中 FBSM 包含如图 3-26 所示的 3 种模式，其中，在模式 1、模式 2 下，电流通过二极管不控整流对直流电容进行充电；在模式 3 下，开通下桥臂 T_4，FBSM 变为 HBSM 模式。

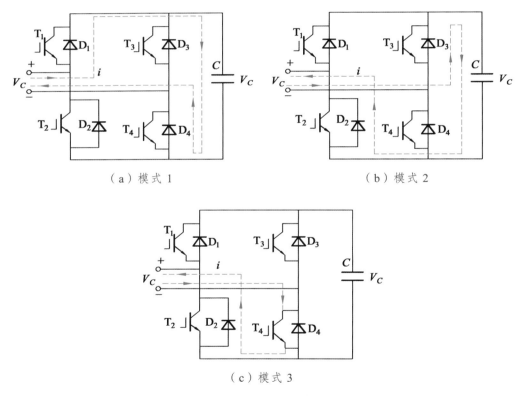

（a）模式 1　　　　　　　　　　　（b）模式 2

（c）模式 3

图 3-26　FBSM 预充电回路

　　预充电过程中，混合式拓扑结构中的 HBSM 分为如图 3-27 所示的两种模式，其中，模式 1 电流经二极管 D_1 为电容充电状态，模式 2 模块经二极管旁路。

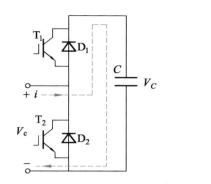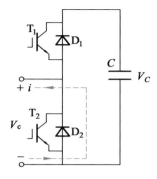

图 3-27　HBSM 预充电回路

混合拓扑型 MMC 充电过程可分为两个阶段：

阶段 1：模块处于全闭锁状态。单桥臂的 HBSM、FBSM 均通过模块内部二极管进行整流充电，HBSM、FBSM 运行于模式 1 或模式 2，此阶段过程如下：

设在某一时刻，a 相电压最高，b 相电压最低，c 相电压居中。从此时刻开始充电，当 $V_{ab} > \sum V_{cpb}$ 时，电流通过 a 相上桥臂 HBSM 中的二极管 D_2、FBSM 中的 D_2、D_3 和 b 相上桥臂半桥模块中的二极管 D_1、FBSM 中的 D_1、D_4 给 b 相上桥臂所有 SM 的电容、a 相上臂中的 FBSM 电容充电。

当 $V_{ab} > \sum V_{cna}$ 时，电流通过 b 相下桥臂 HBSM 中的二极管 D_2、FBSM 中的二极管 D_2、D_3 和 a 相下桥臂 HBSM 中的二极管 D_1、FBSM 二极管 D_1、D_4 给 a 相下桥臂所有 SM 及 b 相下桥臂中的 FBSM 电容充电。

当 $V_{ac} > \sum V_{cpc}$ 时，电流通过 a 相上桥臂 HBSM 中的二极管 D_2、FBSM 中的二极管 D_2、D_3 和 c 相上桥臂 HBSM 中的二极管 D_1、FBSM 中的 D_1、D_4 给 c 相上桥臂所有 SM、a 相上桥臂中的 FBSM 电容充电。

当 $V_{cb} > \sum V_{cnc}$ 时，电流通过 b 相下桥臂 HBSM 中的二极管 D_2、FBSM 中的 D_2、D_3 和 c 相下桥臂 HBSM 中的二极管 D_1、FBSM 中的二极管 D_1、D_4 给 c 相下桥臂所有 SM 和 b 相下桥臂中的 FBSM 电容充电。

在一个工频周期的另一个半波周期，充电过程类似。但在一个工频周期内 FBSM 始终处于充电状态，HBSM 仅有半个工频工周进行充电。该充电阶段持续至桥臂内 FBSM 与 HBSM 直压之和等于线电压峰值，此时 FBSM 电压值为 HBSM 电压值的两倍。

阶段 2：模块处于半闭锁状态。在此阶段，FBSM 直流母线电容较高时，将开出脉冲，将 FBSM 的下管 T_4 开通，FBSM 运行于模式 2、模式 3。在此阶段，对 FBSM 和 HBSM 进行充电，当检测到 HBSM 电压达到设定值时充电结束。在静态均压过程中还可开启模块中的均压电路。如图 3-28 虚线框内所示，该电路为并联在直流电容两端的可控放电回路，由于模块的二次回路为恒功率负载，当有扰动发生时，桥臂内的模块直压有可能出现正反馈而发散。配置此电路后，通过实时比较模块直流电压与平均值，以调整放电回路的占比，从而稳定模块直流电压。

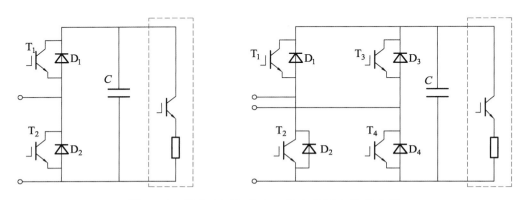

图 3-28　混合 MMC 的 SM 静态均压电路示意图

3.5　MMC 换流器系统级控制

3.5.1　MMC 总体系统控制要求

将 MMC 换流器看作一个相位和幅值可调的交流电压源，如图 3-29 所示。其中电抗（valve reactance）为桥臂电抗（bridge arm reactance）与换流变漏抗的等效电抗。

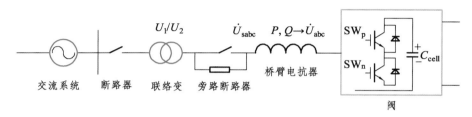

图 3-29　柔性直流输电功率传输原理

控制由外环控制策略和内环控制策略组成。外环控制主要包括有功功率类控制和无功功率类控制；内环控制采用无差电流控制。

控制装置功能结构如图 3-30 所示。

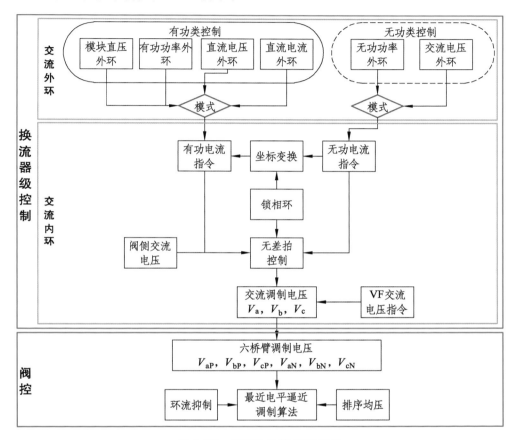

图 3-30 MMC 总体控制结构

有功类外环控制包括有功功率控制、直流电压控制、直流电流控制及模块直压控制。在直流电压控制方式下，控制直流母线正负极间电压 U_d 为期望值；在有功控制方式下，在 SCADA 界面手动输入有功数值指令，可在一定范围内调节直流有功功率；直流电流控制方式下，在 SCADA 界面手动输入直流电流指令，可在一定范围内调节直流电流；模块直压环为辅助外环控制，用于将模块直压控制在额定电压值附近，在 U_{DC}/Q 模式或者 I_{DC}/Q 模式下自动投入。本项目 MMC 有功模式为 U_{DC}/Q 模式，主要负责直流电压的控制，其控制框图如图 3-31 所示。

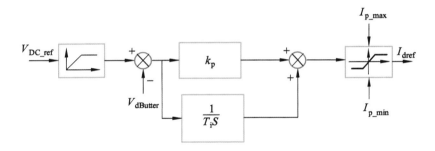

图 3-31　MMC 直流电压控制图

无功类外环控制包括定无功功率控制和定交流电压控制。无功功率控制以连接变阀侧无功为目标，其控制框图如图 3-32 所示；定交流电压控制以网侧电压为目标，两者选其一。

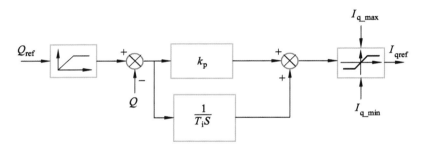

图 3-32　无功功率控制图

电流内环控制的输入是外环控制的输出，电流内环控制的输出是发给阀控的交流调制电压。电流内环控制是实现输出电流无差跟踪目标电流的环节。

3.5.2　子模块电容电压均衡控制策略

MMC 具有开关频率低、系统输出电压和功率等级可调、模块化结构设计等优点，这些优点得益于子模块之间的级联结构。当子模块电容电压存在大范围波动，能量在子模块之间分布不均，就会引起输出波形畸变，因此 MMC 子模块电容电压的均衡控制就变得非常重要。

因为 MMC 直流侧没有公共电容，所以其直流侧储能是靠桥臂子模块电容电压串联实现的，如果子模块电容电压存在不均衡，就会提高对子模块开关器件 IGBT 耐压水平的要求，而电容电压的不平衡也会加大交流侧输出电压的畸变率，更严重时会影响直流侧电压的稳定性。所以 MMC 的控制策略既要包括直流侧电压的控制，还要增加对子模块电容电压的均衡控制。

电容电压均衡控制方法主要是通过控制子模块的投入时间，以达到对子模块电容电压的动态控制。具体的控制策略可以分为两种：一种是采用分级控制的思想，通过叠加修正量实现电容电压的平衡；另一种是采用排序的策略，通过选择机制直接控制子模块的投入或切除，以实现子模块之间的电容电压均衡。

电压排序控制策略对各相单元子模块电容电压值进行排序，根据排序结果及桥臂电流极性、子模块投入个数等信息，控制子模块的投切，具体原理如下：

设桥臂参考电压为：

$$\begin{cases} u_{k\mathrm{p}} = \dfrac{U_{\mathrm{DC}}}{2} - e_k - u_{\mathrm{diff}k} \\ u_{k\mathrm{n}} = \dfrac{U_{\mathrm{DC}}}{2} + e_k - u_{\mathrm{diff}k} \end{cases}$$ （3-10）

若采用多载波层叠调制或载波移相调制，则上、下桥臂应投入的子模块个数为调制后各 PWM 波输出为 1 的个数；若采用最近电平逼近调制，则：

$$\begin{cases} n_{k\mathrm{p}} = round\left(\dfrac{u_{k\mathrm{p}}}{U_C}\right) \\ n_{k\mathrm{n}} = round\left(\dfrac{u_{k\mathrm{n}}}{U_C}\right) \end{cases}$$ （3-11）

其中，U_C 代表子模块电容电压平均值。

以上桥臂为例，其电容电压排序示意图如图 3-33 所示。假设桥臂电流极性为正，则桥臂中投入的子模块电容将充电，电容电压上升。若电压调制策略所得的子模块投入个数为 $n_{k\mathrm{p}}$，则应选择电容电压最小的 $n_{k\mathrm{n}}$ 个子模块使之插入。与之类似，当桥臂电流极性为负时，桥臂中投入的子模块放电，电容电压下降。若应投入的子模块个数为 $n_{k\mathrm{p}}$，则选择电容电压最大的 $n_{k\mathrm{p}}$ 个子模块插入。

上述方法，在每个开关周期均进行一次子模块电容电压的排序及投切控制，虽然具有很好的电压均衡效果，但是每次的投切转换无疑增加了开关损耗。且开关器件的死区导致电流只能经由上管或下管的反并联二极管续流，故在死区时间内，子模块的输出电压并不受控制，而是由电流的极性决定。这可能会使桥臂输出电压与调制波间存在较大误差，从而出现尖峰脉冲。

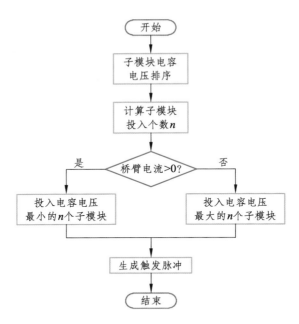

图 3-33　上桥臂电容电压排序示意图

为了降低子模块的开关频率，有研究者改进了电容电压排序控制策略，提出了模块保持算法，具体原理如下（同样以上桥臂为例）：

（1）设置所允许的电容电压波动上、下限 U_{C_max}、U_{C_min}。

（2）若桥臂电流大于 0，将已投入的子模块与电压上限值 U_{C_max} 进行比较，大于此上限，则子模块切除；若桥臂电流小于 0，将已投入的子模块与电压下限值 U_{C_min} 进行比较，小于此下限，则子模块切除。由此确定维持投入状态的子模块的个数 n_{hold}。

（3）将计算出的当前要投入的子模块个数 n 与 n_{hold} 进行比较：若 Δn（$\Delta n = n - n_{hold}$）等于 0，则子模块保持投切状态不变。若 Δn 大于 0，电流极性为正时，从剩下的 $(N - n_{hold})$ 个子模块中选择 Δn 个电容电压最小的子模块插入；电流极性为负时，从剩下的 $(N - n_{hold})$ 个子模块中选择 Δn 个电容电压最大的子模块插入。若 Δn 小于 0，根据电流极性，从 n_{hold} 个子模块中切除相应 Δn 个子模块。模块保持算法如图 3-34 所示。

对于分级均压控制策略，MMC 的子模块电容电压均衡控制可分为桥臂级电压均衡控制和桥臂内子模块均压控制两方面，对 MMC 整体的控制还包括相单元整体控制和后续的调制策略。分级均压控制策略的整体框图如图 3-35 所示。

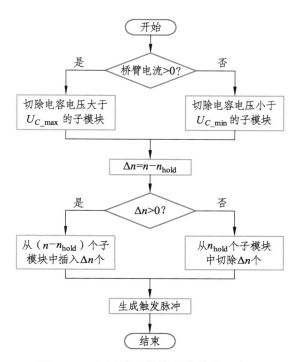

图 3-34　上桥臂子模块保持算法示意图

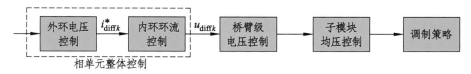

图 3-35　分级均压控制框图

分级均压各部分控制原理如下：

1. 相单元整体控制

假设 $\bar{u}_{Ck}$ 为 MMC 系统 k 相子模块电容电压的平均值，u_{Cki}（$i = 1$，2，$\cdots$，$2N$）为 k 相第 i 个子模块电容电压值，u_{ki} 为 k 相第 i 个子模块的输出电压，S_{ki} 为开关函数。当 MMC 处于稳定运行状态时：

$$\bar{u}_{Ck} = \frac{1}{2N} \sum_{i=1}^{2N} u_{Cki} \tag{3-12}$$

$$u_{ki} = S_{ki} u_{Cki} \tag{3-13}$$

$$N \cdot \overline{u}_{Ck} = \sum_{i=1}^{2N} u_{ki} \tag{3-14}$$

MMC 直流侧电压与 k 相相单元的关系可表示为：

$$U_{DC} = (u_{kp} + u_{kn}) + 2\left(L_0 \frac{di_{diffk}}{dt} + R_0 i_{diffk}\right) = \sum_{i=1}^{2N} u_{ki} + 2L_0 \frac{di_{diffk}}{dt} + 2R_0 i_{diffk} \tag{3-15}$$

$$\frac{1}{N} U_{DC} - \overline{u}_{Ck} = \frac{2L_0}{N} \cdot \frac{di_{diffk}}{dt} + \frac{2R_0}{N} \cdot i_{diffk} \tag{3-16}$$

令 $u_C^* = U_{DC} / N$ ，式（3-16）所示关系可用如下比例积分环节实现：

$$i_{diffk}^* = k_1(u_C^* - \overline{u}_{Ck}) + k_2 \int (u_C^* - \overline{u}_{Ck}) dt \tag{3-17}$$

相单元的平均电容电压控制如图 3-36 所示，外环平均电压控制器使 $\overline{u}_{Ck}$ 跟随给定电容参考电压 u_C^* 并生成环流参考指令 i_{diffk}^* ，再经内环环流控制器后得到环流电压指令 u_{diffk} 。通过对子模块平均电容电压的控制，生成 u_{diffk} 并作为修正量叠加到调制波上，实现对该相子模块电容电压的整体均衡控制。

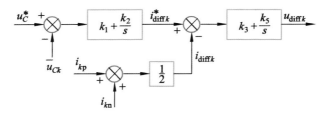

图 3-36　平均电容电压控制

2．桥臂级电压控制

桥臂级电压控制的目的在于实现 MMC 系统上、下桥臂的所有子模块电容电压之和相等，即上、下桥臂子模块平均电容电压相等。

假设 $\overline{u}_{C\_kp}$ 、 $\overline{u}_{C\_kn}$ 分别为上、下桥臂的所有子模块的平均电容电压，有：

$$\begin{cases} \overline{u}_{C\_kp} = \dfrac{1}{N} \sum_1^N u_{Cki} \\[3mm] \overline{u}_{C\_kn} = \dfrac{1}{N} \sum_1^{2N} u_{Cki} \end{cases} \tag{3-18}$$

桥臂级电压均衡控制可以通过对上、下桥臂平均电容电压之差的控制来实现，生成电压补偿量 u_{k_bc}，其具体的结构如图 3-37 所示。

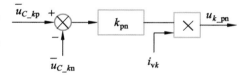

图 3-37　桥臂级电压均衡控制

3. 子模块均压控制

子模块均压控制的目标是平衡桥臂内的所有子模块电容电压，每个子模块都有各自单独的调制波与载波。以上桥臂为例，设子模块均压控制器输出为 u_{kbi}，k_b 为比例系数：

$$u_{kbi} = \mathrm{sgn}(i_{kp}) \cdot k_b \cdot (u_C^* - u_{Cki}) \tag{3-19}$$

其中，$\mathrm{sgn}(x)$ 为符号函数，若 $x > 0$，其值等于 1；若 $x < 0$，其值等于 -1。u_{kbi} 为修正量。同时上、下桥臂电压叠加桥臂级电压控制器生成的电压补偿量 u_{k_bc}，有：

$$\begin{cases} u_{kp}^* = \dfrac{U_{DC}}{2} - e_k^* - u_{\mathrm{diff}k} + u_{k\_bc} \\[2mm] u_{kn}^* = \dfrac{U_{DC}}{2} + e_k^* - u_{\mathrm{diff}k} + u_{k\_bc} \end{cases} \tag{3-20}$$

根据改进的载波移相调制策略，子模块调制波 u_{ki} 均为桥臂参考电压的 $1/N$，同时再叠加子模块电压控制器生成的修正量 u_{kbi}，所以有：

$$u_{ki} = \frac{U_{DC}}{2N} + \frac{1}{N}(-e_k^* - u_{\mathrm{diff}k} + u_{k\_bc}) + u_{kbi}, \quad i = 1, \cdots, N \tag{3-21}$$

同理，对于下桥臂有：

$$u_{ki} = \frac{U_{DC}}{2N} + \frac{1}{N}(e_k^* - u_{\mathrm{diff}k} + u_{k\_bc}) + u_{kbi}, \quad i = (N+1), \cdots, 2N \tag{3-22}$$

根据分级均压控制策略，其整体控制框图如图 3-38 所示。

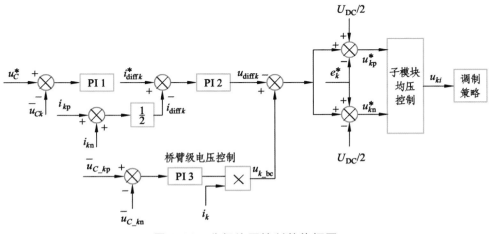

图 3-38　分级均压控制整体框图

为验证分级式电压均衡控制的有效性，借助 Matlab/Simulink 工具搭建了带无源负载的三相 MMC 仿真模型。仿真模型参数如表 3-6 所示，控制器参数如表 3-7 所示。不加电压均衡控制和加入分级式电压均衡控制后的仿真结果分别如图 3-39 和 图 3-40 所示，在此两种情况下依次观测了输出电压、桥臂电流及环流、子模块电容电压、子模块平均电容电压的波形。

表 3-6　仿真模型参数

参数项	数值	参数项	数值
直流侧电压/V	400	输出侧电感/mH	4
子模块电容/mF	1.3	负载电阻/Ω	20
子模块个数	4	基波频率/Hz	50
桥臂电感/mH	5	载波频率/kHz	5

表 3-7　控制器参数

k_1	k_2	k_3	k_4	k_{pn}	k_b
0.1	10	20	100	0.5	0.05

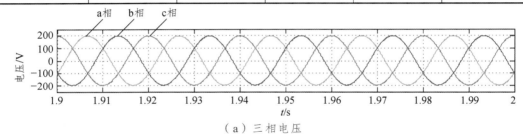

（a）三相电压

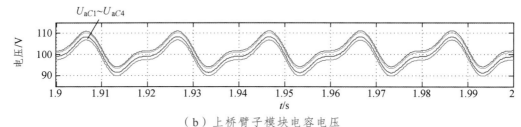

（b）上桥臂子模块电容电压

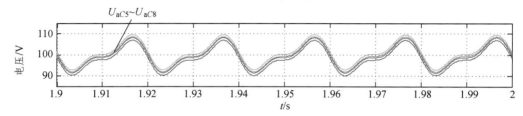

（c）下桥臂子模块电容电压

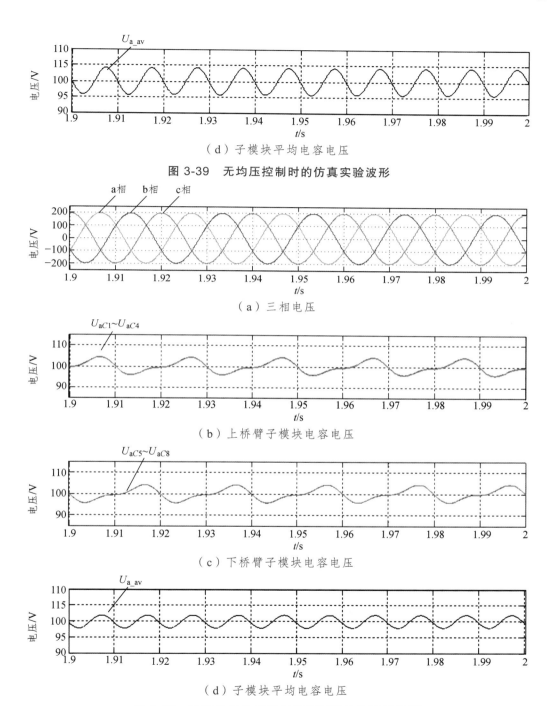

（d）子模块平均电容电压

图 3-39　无均压控制时的仿真实验波形

（a）三相电压

（b）上桥臂子模块电容电压

（c）下桥臂子模块电容电压

（d）子模块平均电容电压

图 3-40　采用分级均压控制策略下的仿真实验波形

从图 3-40 可以看出，加入分级均压控制策略后，MMC 桥臂子模块的电容均衡情况明显得到改善，同时子模块电容平均电压波动也有所下降。无均压控制策略的结果中，子模块平均电容电压波动范围约为 7.5 V，桥臂内不同子模块的电容电压在同一时刻的差值最多可达 4.8 V；加入分级均压控制策略后，子模块平均电容电压波动范围降为 4.6 V，桥臂内不同子模块的电容电压在同一时刻的差值控制在 0.5 V 以内。仿真结果证明了分级均压控制的有效性。

3.5.3　MMC 环流模型及其抑制策略

MMC 环流会影响 MMC 的工作性能，所以需要对环流进行抑制。理论上 MMC 的桥臂参数对称，环流中主要存在直流分量与二次分量，实际中 MMC 桥臂参数存在无法避免的误差，这使得环流成分更为复杂。项目中对桥臂对称与不对称的 MMC 系统进行了环流的建模与分析。

在分析 MMC 的环流时，为了简化模型，做出如下假设：

（1）开关频率无限高：调制波中无高频谐波含量，只含有基波分量。

（2）用桥臂电阻来等效 MMC 的系统损耗：MMC 的系统损耗包括开关器件的损耗、其他欧姆损耗等，这些损耗统一用电阻 R_r 来表示。

（3）电容电压均衡控制策略对子模块实现充分控制：所有子模块电容电压相同。

环流等效电路如图 3-41 所示。环流模型与 MMC 直流侧电压和桥臂子模块电压有关，即：

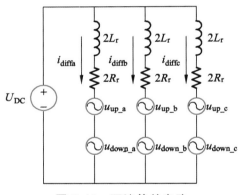

图 3-41　环流等效电路

$$L_r\frac{\mathrm{d}i_{\mathrm{diff}}}{\mathrm{d}t} + R_r i_{\mathrm{diff}} = \frac{1}{2}[U_{\mathrm{DC}} - (u_{\mathrm{up}} + u_{\mathrm{down}})] \qquad （3-23）$$

流经上、下桥臂的环流作为 MMC 直流侧和交流侧的能量传输媒介而存在，直流侧是通过环流对各个子模块电容进行充放电。直流侧向交流侧传输的有功功率生成了环流中的直流分量，因电容充放电而导致的无功功率生成了环流中的交流分量。由此，环流表达式可写为：

$$i_{\text{diff}k} = \frac{u_{sk}i_{sk}}{U_{\text{DC}}} \tag{3-24}$$

$$\begin{cases} u_{sa} = U_s \sin \omega_0 t \\ u_{sb} = U_s \sin\left(\omega_0 t - \dfrac{2\pi}{3} \right) \\ u_{sc} = U_s \sin\left(\omega_0 t + \dfrac{2\pi}{3} \right) \end{cases} \tag{3-25}$$

$$\begin{cases} i_{sa} = I_s \sin(\omega_0 t + \varphi) \\ i_{sb} = I_s \sin\left(\omega_0 t - \dfrac{2\pi}{3} + \varphi \right) \\ i_{sc} = I_s \sin\left(\omega_0 t + \dfrac{2\pi}{3} + \varphi \right) \end{cases} \tag{3-26}$$

综合可得：

$$\begin{cases} i_{\text{diffa}} = \dfrac{U_s I_s}{2U_{\text{DC}}}[\cos \varphi - \cos(2\omega_0 t + \varphi)] \\ i_{\text{diffb}} = \dfrac{U_s I_s}{2U_{\text{DC}}}\left[\cos \varphi - \cos\left(2\omega_0 t + \dfrac{2\pi}{3} + \varphi \right) \right] \\ i_{\text{diffc}} = \dfrac{U_s I_s}{2U_{\text{DC}}}\left[\cos \varphi - \cos\left(2\omega_0 t - \dfrac{2\pi}{3} + \varphi \right) \right] \end{cases} \tag{3-27}$$

其中，$I_z = I_{\text{DC}}/3$，为环流中的直流分量。从上式可以看出，环流不仅存在直流分量，还存在二倍频负序性质的交流分量。

为分析环流，根据表 3-6、表 3-7 搭建仿真模型，在不加入环流抑制策略的情况下，MMC 系统的仿真实验结果如图 3-42 所示。

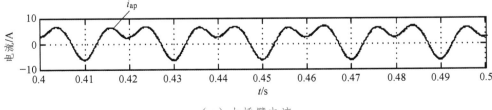

（a）上桥臂电流

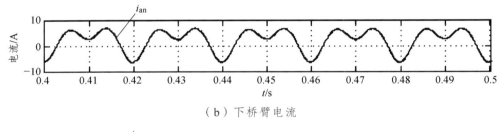

（b）下桥臂电流

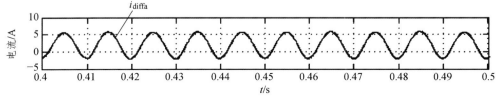

（c）桥臂环流

图 3-42　MMC 的环流仿真结果

图 3-42 中 i_{ap}、i_{an} 为 a 相上、下桥臂电流，i_{diffa} 为 a 相桥臂环流，从图可以看出，桥臂环流主要包含直流分量和二次分量。如图 3-43 所示为环流频谱分析图，它验证了桥臂环流中主要包含直流分量与二次分量的结论。

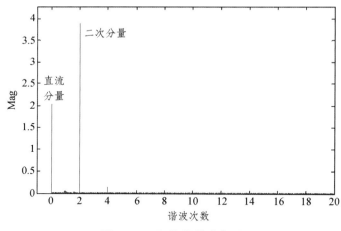

图 3-43　环流频谱分析图

3.5.4　MMC 系统并网点电压不平衡的控制研究

电网不平衡故障下，现有的换流器控制算法控制目标单一（如瞬时有功-无功控制、对称正序控制、正负序控制和平均有功-无功控制）。瞬时有功-无功控制以精确控制系统瞬时有功和无功功率为控制目标，在网侧电压出现不平衡故障时，该方法将导致网侧电流畸变；对称正序控制策略以平衡的并网电流为控制目标；正负序控制和平均有功-无功控制以抑制瞬时有功功率或无功功率的二倍频波动为控制目标。不同于上述 4 种功率控制算法，灵活正负序控制算法可灵活地调节并网电流参考中的正序和负序分量，也可灵活调节换流器的瞬时有功功率和无功功率的二倍频波动。

电网不平衡故障时换流器的功率控制主要有如下几种：瞬时有功-无功控制（Instantaneous Active-Reactive Control，IARC）、对称正序控制（Balanced Positive Sequence Control，BPSC）、正负序控制（Positive and Negative Sequence Control，PNSC）、平均有功-无功控制（Average Active-Reactive Control，AARC）和灵活正负和负序控制（Flexible Positive and Negative Sequence Control，FPNSC）。

IARC 方法可精确地控制系统传输的有功功率和无功功率，但在电网电压存在负序分量的情况下，电流参考中含有的高次谐波会导致换流器网侧电流严重畸变。并网逆变器一般不采用这种控制方法。BPSC 方法利用电网电压的正序分量计算网侧电流参考值，可得到平衡的网侧电流，但系统的瞬时有功功率和无功功率都将存在二倍频波动。这两种方法作为换流器控制的经典方法，均不能很好地解决功率二倍频波动和交流侧电流波形质量的问题，这迫使研究者寻求新的折中方法。下面对 PNSC、AARC 和多变量保护控制以及各方法中的系统瞬时有功和无功功率纹波进行详细的介绍和比较分析。

电网不平衡时，换流器的瞬时有功功率和无功功率可表示为：

$$\begin{cases} p = P_0 + P_{c2}\cos(2\omega t) + P_{s2}\sin 2\omega t \\ q = Q_0 + Q_{c2}\cos(2\omega t) + Q_{s2}\sin 2\omega t \end{cases} \tag{3-28}$$

式中，P_0、Q_0 分别表示换流器瞬时有功和无功功率的平均值；P_{c2}、P_{s2}、Q_{c2}、Q_{s2} 分别表示换流器瞬时功率的二倍频波动的幅值。

在同步双旋转坐标系中，这些功率量的幅值可根据式（3-29）进行计算：

$$\begin{bmatrix} P_0 \\ P_{c2} \\ P_{s2} \\ Q_0 \\ Q_{c2} \\ Q_{s2} \end{bmatrix} = \frac{3}{2}\begin{bmatrix} v_d^+ & v_q^+ & v_d^- & v_q^- \\ v_d^- & v_q^- & v_d^+ & v_q^+ \\ v_q^- & -v_d^- & -v_q^+ & v_d^+ \\ v_q^+ & -v_d^+ & v_q^- & -v_d^- \\ v_q^- & -v_d^- & v_q^+ & -v_d^+ \\ -v_d^- & -v_q^- & v_d^+ & v_q^+ \end{bmatrix}\begin{bmatrix} i_d^+ \\ i_q^+ \\ i_d^- \\ i_q^- \end{bmatrix} \tag{3-29}$$

PNSC 是在电流矢量中提取出正序和负序分量分别进行控制，根据控制目标消除瞬时有功功率或无功功率的二倍频波动的控制方法。该方法可考虑在同步旋转坐标系或静止坐标系中进行有功功率或无功功率控制。下面以同步旋转坐标系为例，具体分析如何采用这种控制方法计算网侧电流正、负序分量的参考值。

假设以控制换流器输出的有功功率二倍频波动为控制目标，即：P_0 为常量，P_{c2}，P_{s2} 和 Q_0 为零。根据式（3-29）可以解出网侧电流正序和负序参考值如下：

$$
\begin{bmatrix} i_{\text{dref}}^+ \\ i_{\text{qref}}^+ \\ i_{\text{dref}}^- \\ i_{\text{qref}}^- \end{bmatrix} = \frac{2}{3} \frac{P_0}{\left(v_{\text{d}}^{+2} + v_{\text{q}}^{+2} - v_{\text{d}}^{-2} - v_{\text{q}}^{-2}\right)} \begin{bmatrix} v_{\text{d}}^+ \\ v_{\text{q}}^+ \\ -v_{\text{d}}^- \\ -v_{\text{q}}^- \end{bmatrix}
\tag{3-30}
$$

把式（3-30）代入 Q_{c2} 和 Q_{s2} 的表达式中，可求出二者的计算公式如下：

$$
Q_{c2} = \frac{2P_0}{(v_{\text{d}}^{+2} + v_{\text{q}}^{+2} - v_{\text{d}}^{-2} - v_{\text{q}}^{-2})}(v_{\text{q}}^- v_{\text{d}}^+ - v_{\text{d}}^- v_{\text{q}}^+)
$$

$$
Q_{s2} = \frac{2P_0}{(v_{\text{d}}^{+2} + v_{\text{q}}^{+2} - v_{\text{d}}^{-2} - v_{\text{q}}^{-2})}(v_{\text{d}}^- v_{\text{d}}^+ + v_{\text{q}}^- v_{\text{q}}^+)
\tag{3-31}
$$

在电网侧出现不平衡故障时，电压负序分量导致瞬时无功功率的二倍频分量不为零。同样这种方法也可实现恒无功功率控制，此时瞬时有功功率中存在零值附近的二倍频波动现象。

另外，由式（3-30）和式（3-31）可以看出，在电网正序电压幅值和负序电压幅值相等时，该方法不再适用。

AARC 算法是对 IARC 算法的改进，在计算网侧电流参考时不直接使用电网电压的采样值，而是使用其在一个电网周期的有效值。电流有功和无功分量表达式如式（3-32）所示，其中 $\vec{v}$ 为网侧电压矢量，v^+ 和 v^- 分别为网侧电压正序和负序分量。

$$
\begin{cases} i_{\text{p}}^* = \dfrac{P}{\left|v^+\right|^2 + \left|v^-\right|^2} \vec{v} \\[3mm] i_{\text{q}}^* = \dfrac{Q}{\left|v^+\right|^2 + \left|v^-\right|^2} \vec{v} \end{cases}
\tag{3-32}
$$

由式（3-32）所示的电流有功分量的向量表达式可以看出，如果电流的有功分量和电压矢量同相位，那么系统的无功功率则需为零。在这种算法中，若换流器工作在恒有功功率模式下，即 P_0 为常量，Q_{c2}、Q_{s2} 和 Q_0 为零。根据式（3-1）可得出在同步旋转坐标系中网侧电流正负序参考值如下：

对于 MMC，由于储能电容分散布置在各子模块中，每一相的功率波动都会引起相单元子模块电容电压的波动。本节将分析多变量保护中调节参数对每一相的功率波动以及 MMC 输出功率的波动的影响。

电网不平衡时，电网电压可表示如下：

$$\begin{bmatrix} v_a \\ v_b \\ v_c \end{bmatrix} = V^+ \begin{bmatrix} \cos(\omega t + \theta^+) \\ \cos\left(\omega t + \theta^+ - \dfrac{2\pi}{3}\right) \\ \cos\left(\omega t + \theta^+ + \dfrac{2\pi}{3}\right) \end{bmatrix} + V^- \begin{bmatrix} \cos(\omega t + \theta^-) \\ \cos\left(\omega t + \theta^- + \dfrac{2\pi}{3}\right) \\ \cos\left(\omega t + \theta^- - \dfrac{2\pi}{3}\right) \end{bmatrix} + V^0 \begin{bmatrix} \cos(\omega t + \theta^0) \\ \cos(\omega t + \theta^0) \\ \cos(\omega t + \theta^0) \end{bmatrix} \quad （3\text{-}33）$$

式中，V^+、V^- 和 V^0 分别表示电网电压向量的正序、负序和零序的幅值；θ^+、θ^- 和 θ^0 分别表示电网电压向量的正序、负序和零序的角度。

忽略电网电压的零序分量，在 MMC 采用恒有功功率控制模式下，并网电流可表示为：

$$\begin{bmatrix} i_a \\ i_b \\ i_c \end{bmatrix} = \frac{2}{3} \frac{P_0}{V^{+2} + kV^{-2}} \begin{bmatrix} V^+ \cos(\omega t + \theta^+) + kV^- \cos(\omega t + \theta^-) \\ V^+ \cos\left(\omega t + \theta^+ - \dfrac{2\pi}{3}\right) + kV^- \cos\left(\omega t + \theta^- + \dfrac{2\pi}{3}\right) \\ V^+ \cos\left(\omega t + \theta^+ + \dfrac{2\pi}{3}\right) + kV^- \cos\left(\omega t + \theta^- - \dfrac{2\pi}{3}\right) \end{bmatrix} \quad （3\text{-}34）$$

根据瞬时功率理论，可得出每一相瞬时有功功率和瞬时无功功率的计算公式如下：

$$p_j = \frac{P_0}{3\left(V^{+2} + kV^{-2}\right)} \begin{bmatrix} \left(V^{+2} + kV^{-2} + V^+ V^-(1+k)\cos(\alpha_j - \beta_j)\right) \\ + V^{+2} \cos\left(2\omega t + 2\alpha_j\right) + kV^{-2} \cos\left(2\omega t + 2\beta_j\right) \\ + V^+ V^-(1+k)\cos(2\omega t + \alpha_j + \beta_j) \end{bmatrix} \quad （3\text{-}35）$$

$$q_j = \frac{P_0}{3(V^{+2} + kV^{-2})} \begin{bmatrix} V^{+2}\sin(2\omega t + 2\alpha_j) - kV^{-2}\sin(2\omega t + 2\beta_j) \\ +(k-1)V^+ V^- \sin(2\omega t + \alpha_j + \beta_j) \\ -(k-1)V^+ V^- \sin(\alpha_j - \beta_j) \end{bmatrix} \quad （3\text{-}36）$$

其中，$[\alpha_a, \alpha_b, \alpha_c] = \left[\theta^+, \theta^+ - 2\pi/3, \theta^+ + 2\pi/3\right]$，$[\beta_a, \beta_b, \beta_c] = \left[\theta^-, \theta^- + 2\pi/3, \theta^- - 2\pi/3\right]$。

三相有功功率、无功功率可分别表示如下：

$$p = P_0 + \frac{P_0 V^+ V^-(1+k)}{(V^{+2} + kV^{-2})}\cos(2\omega t + \theta^+ + \theta^-) \quad （3\text{-}37）$$

$$q = \frac{P_0(k-1)V^+V^-}{(V^{+2} + kV^{-2})}\sin(2\omega t + \theta^+ + \theta^-) \tag{3-38}$$

可以看出，MMC 系统三相瞬时有功功率、无功功率不仅与电网电压正序和负序分量有关，还与 k 值有关。瞬时有功功率和无功功率的二倍频波动的幅值随参数 k 线性变化，如图 3-44 所示。在参数 k 由 $-1\sim1$ 的变化过程中，瞬时有功功率二倍频波动的幅值由 $0\sim\dfrac{2P_0V^+V^-}{V^{+2}+V^{-2}}$ 逐渐增大，瞬时无功功率二倍频波动的幅值由 $\dfrac{2P_0V^+V^-}{V^{+2}-V^{-2}}\sim0$ 逐渐减小。

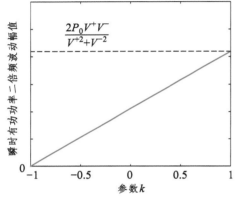

（a）瞬时有功功率二倍频波动幅值和
参数 k 的关系

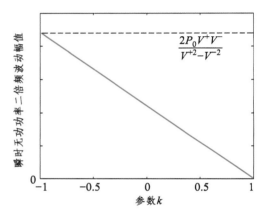

（b）瞬时无功功率二倍频波动幅值和
参数 k 的关系

图 3-44　三相功率二倍频波动幅值和参数 k 的关系

通过对比每一相瞬时功率波动和三相总功率波动可以看出，在电网电压平衡的情况下，三相总瞬时有功和无功功率二倍频波动为零，而每一相的瞬时功率仍存在二倍频波动。还可以看出，当参数 k 取 -1 时，三相总瞬时有功功率二倍频波动为零；当参数 k 为 1 时，三相总瞬时无功功率二倍频波动为零。

计算 MMC 并网电流幅值如下：

$$\begin{bmatrix} I_{\mathrm{Apeak}} \\ I_{\mathrm{Bpeak}} \\ I_{\mathrm{Cpeak}} \end{bmatrix} = \frac{2}{3}\frac{P_0}{V^{+2} + kV^{-2}} \begin{bmatrix} \sqrt{V^{+2} + k^2V^{-2} + 2kV^+V^-\cos\phi} \\ \sqrt{V^{+2} + k^2V^{-2} + 2kV^+V^-\cos\left(\phi - \dfrac{2\pi}{3}\right)} \\ \sqrt{V^{+2} + k^2V^{-2} + 2kV^+V^-\cos\left(\phi + \dfrac{2\pi}{3}\right)} \end{bmatrix} \tag{3-39}$$

其中：$\phi = \theta^- - \theta^+$。

在调节参数 k 由 -1 到 1、ϕ 由 $0 \sim 2\pi$ 变化的过程中，三相电流幅值随 k 和 ϕ 的变化曲面图如图 3-45 所示。

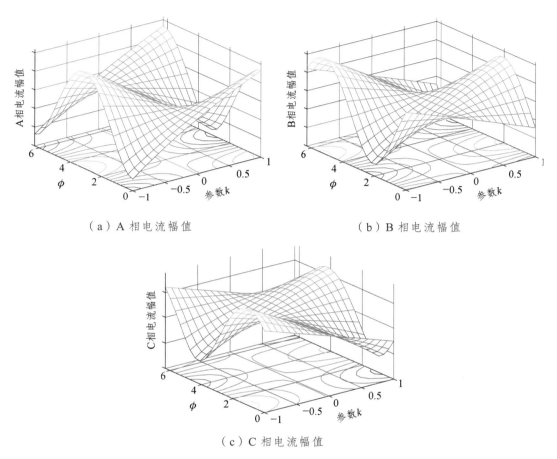

（a）A 相电流幅值　　　　　　　　　（b）B 相电流幅值

（c）C 相电流幅值

图 3-45　三相电流幅值随 k 和 ϕ 的变化曲面图

由图 3-45 可以看出，三相电流幅值不仅与正、负序电压的相角有关，还与调节参数有关。如果 k 为正数，当 $0 \leqslant \phi \leqslant \dfrac{\pi}{3}$ 或者 $\dfrac{5\pi}{3} \leqslant \phi \leqslant 2\pi$ 时，三相电流最大值为 A 相幅值；当 $\dfrac{\pi}{3} \leqslant \phi \leqslant \pi$ 时，三相电流最大值为 B 相幅值；当 $\pi \leqslant \phi \leqslant \dfrac{5\pi}{3}$ 时，三相电流最大值为 C 相幅值。如果 k 为负数，当 $0 \leqslant \phi \leqslant \dfrac{2\pi}{3}$ 时，三相电流最大值为 C

相幅值；当 $\dfrac{2\pi}{3} \leqslant \phi \leqslant \dfrac{4\pi}{3}$ 时，三相电流最大值为 A 相幅值；当 $\dfrac{4\pi}{3} \leqslant \phi \leqslant 2\pi$ 时，三相电流最大值为 B 相电流幅值。

假设 MMC 系统稳定，忽略系统损耗，则每个相单元环流的直流分量如下：

$$i_{\mathrm{DC}j} = \frac{1}{3}\frac{P_0}{(V^{+2}+kV^{-2})V_{\mathrm{DC}}}(V^{+2}+kV^{-2}+V^{+}V^{-}(1+k)\cos(\alpha_j-\beta_j)) \quad (j=\mathrm{a,b,c}) \quad （3\text{-}40）$$

在调节参数 k 由 $-1 \sim 1$、ϕ 由 $0 \sim 2\pi$ 变化的过程中，相单元环流的直流分量随 k 和 ϕ 的变化曲面图如图 3-46 所示。可以看出，相单元环流的直流分量不仅与正、负序电压的相角有关，还与调节参数有关。在参数 k 由 $-1 \sim 1$ 的变化过程中，相单元环流的直流分量的差异逐渐减小。在参数 k 为 -1 时，相单元环流的直流分量相等。

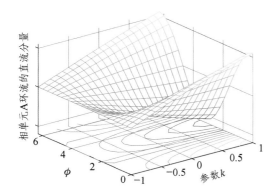

（a）相单元 A 环流的直流分量

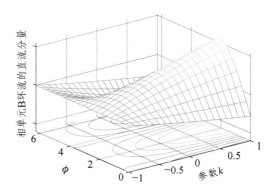

（b）相单元 B 环流的直流分量

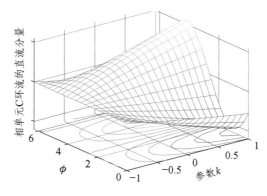

（c）相单元 C 环流的直流分量

图 3-46　相单元环流的直流分量随 k 和 ϕ 的变化曲面图

3.6　MMC 控制装置系统设计

3.6.1　MMC 控制装置硬件系统

整套的 MMC 硬件系统可拆分为如下部分：功率单元、采样单元、信号调理单元、控制单元、保护单元和驱动单元。

1．功率单元

功率单元是 MMC 实现电能变换的核心，由三相单元共 6 个桥臂组成。对于试验样机，采用了双星形拓扑结构，子模块采用典型的半桥结构。上、下桥臂均级联 4 个子模块，每相 8 个，三相共计 24 个，共需 48 个 IGBT 和 24 个储能电容。

2．采样单元

采样单元包含电压采样和电流采样。电压采样针对各个子模块的电容电压及直流输入电压和三相输出电压进行采样，共计 28 路；电流采样针对每相的上、下桥臂电流及三相的输出电流进行采样，共计 9 路。为便于数字处理器进行 A/D 转换，还需要信号调理单元将采样信号控制在处理器有效的接收范围内。以 MCUF2833x 系列为例，其 ADC 转换模块模拟电压输入的有效范围为 0～3 V。

3．控制单元

控制单元是整套系统的核心，负责对采集到的信号进行运算处理，完成一系列的控制算法，使主电路上的开关器件正确地导通、关断。

4．保护单元

保护单元用来对各路保护信息如过压、过流、死区检测等信号进行逻辑组合，产生相关状态指示，并生成状态信号反馈回控制器。

5．驱动单元

驱动单元用来对控制器生成的 PWM 信号进行功率放大，使之有效驱动开关器件。

各硬件单元间的连接关系如图 3-47 所示。

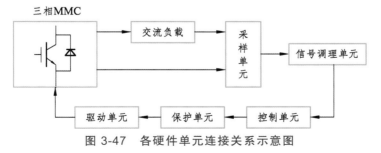

图 3-47　各硬件单元连接关系示意图

MMC 的控制装置硬件主要包含 MCU、FPGA 及相关外设。

MCU 作为主控制器，采用 TI 公司的 F2833x 系列。F2833x 系列 MCU 主频最高为 150 MHz，支持浮点运算，具有强大的数字运算能力，可提高实时控制的可靠性。考虑到 F2833x 仅有 16 个 12 位的模数转换单元，而实际却有 37 路需要进行采样转换，故又增设了 TI 公司的 THS1206 芯片来补充模数转换通道的不足。THS1206 采用环形的先进先出队列（FIFO），最多可存入 16 Byte。A/D 转换完毕后结果可直接存入 FIFO 中，有效减少了处理器从 THS1206 读取数据时的中断次数。当 FIFO 达到设定的存储深度时，表示 A/D 全部转换完毕，其 DATA_AV 引脚输出信号的电平发生跳变。一片 THS1206 芯片有 4 路模拟量输入端，在本设计中用了 6 片，实现了对 24 路子模块电容电压的采样。对于这 6 片外设，F2833x 确定各片的数据传递顺序时采用了 3-8 译码器。F2833x 的 3 个 GPIO 引脚共有 8 种电平组合状态，每种组合对应一种片选信号，实际只用 6 种。F2833x 仅需控制 3 个 GPIO 引脚的输出状态便能有条不紊地片选 THS1206。

FPGA 作为辅控制器，采用 Altera 公司的 CycloneIII 系列。FPGA 主要产生带有相移的三角载波，并接收来自 F2833x 的调制波数据，产生最终的 48 路 PWM 驱动信号，控制 24 个子模块的投入或切除。FPGA 产生三角载波所需的周期、相角移动等信息均由 F2833x 控制，同时还包括产生半桥子模块上、下两个开关管互补驱动信号所需的死区时间。FPGA 从 F2833x 读取调制波数据的时间点是由 FPGA 某一 I/O 引脚产生的 F2833x 外部中断触发信号决定的。例如，当 F2833x 检测到该引脚信号电平跳变为高电平，F2833x 则从 main 函数跳转执行中断函数，在中断函数中完成数据传送。由此可见，中断信号的周期即为载波周期，即每个载波周期完成了一次调制波数据的刷新。

控制单元的基本结构如图 3-48 所示。

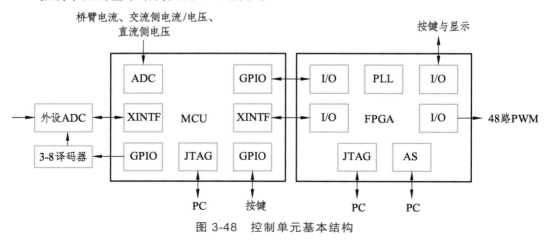

图 3-48　控制单元基本结构

IGBT 驱动电路的原理如图 3-49 所示。IGBT 的驱动芯片采用磁隔离驱动芯片 1ED020I12-F，具有欠压保护、有源米勒箝位、过流保护等功能。

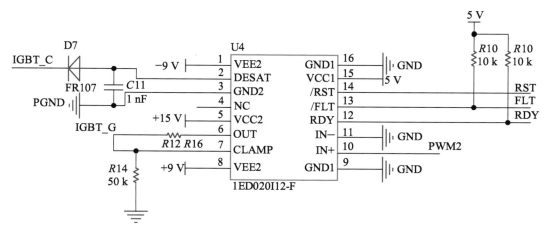

图 3-49　IGBT 驱动电路

1ED020I12-F 芯片采用 + 15 V、– 9 V 的供电电源。为保证有效驱动 IGBT，芯片对供电电压进行监测。若电压小于某一阈值，芯片锁定，输出的驱动信号不再受输入端的控制，且 RDY 引脚输出错误指示状态，低电平有效。

由于 IGBT 的 CG、GE 端存在寄生电容，当 IGBT 关断时，反向电流流过 C_{GE}。若超过 IGBT 门极触发电压，则半桥子模块上、下管同时导通形成短路。为防止这种米勒效应，芯片内部设计了 MOSFET 用以释放 C_{GE} 上的电荷。

IGBT 正常工作时，处于饱和状态，CE 间的电压很低，一般为 2 V 左右。当发生短路时，电流增大，退出饱和，CE 间电压随之增大。1ED020I12-F 通过 DESAT 引脚检测 IGBT 集电极电压，判断是否发生短路。芯片内部集成了 9 V 比较器，若 DESAT 端测得电压高于 9 V，则判定 IGBT 短路，芯片过流保护，FLT 引脚输出错误指示状态，低电平有效。为直观显示驱动电路是否发生欠压或过流保护，在 RDY、FLT 引脚各接一发光二极管，并用 5 V 电源上拉。当发生保护，相应发光二极管被点亮。

1ED020I12-F 芯片的输入端口可直接连 FPGA 的 I/O 口，但对 PWM 驱动信号最小脉宽有一定限制，这可起到滤波作用，避免高频干扰。输出端采用推挽连接方式的 MOSFET，驱动信号高电平 + 15 V、低电平 – 9 V。

功率单元作为试验平台中的电气部分，在驱动信号的作用下，开关器件导通或关断使子模块投入或切除，完成功率变换。将每个桥臂看成一个功率单元，则三相 MMC 系统共有 6 个。功率单元实物如图 3-50 所示，三相 MMC 试验平台如图 3-51 所示。

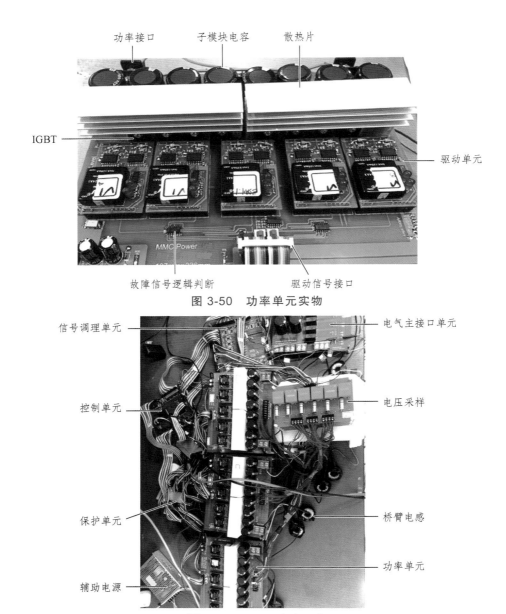

图 3-50　功率单元实物

图 3-51　MMC 试验平台

3.6.2　MMC 控制装置软件系统设计

MCUF2833x 作为主控制器，具体包含以下功能：

（1）对采样信号完成 A/D 转换，并反变换回实际值参与计算。

（2）子模块电容电压的过压保护，桥臂电流及交流侧电流的过流保护。

（3）预充电状态、保护状态、正常运行状态的判断。

（4）控制策略的实现。

（5）调制波归一化，与 FPGA 通信。

FPGA 作为辅助控制器，要实现以下功能：

（1）接收来自 F2833x 的载波周期、相位等信息，生成三角载波。

（2）完成载波与调制波的比较，并生成具有死区时间的互补 PWM 信号。

（3）生成 F2833x 所需的外部触发中断信号。

F2833x 程序由主程序和中断子程序两大部分组成。其主程序，即 main() 函数，主要完成：系统控制寄存器初始化、GPIO 初始化及配置、中断初始化及配置、XINTF 配置、A/D 转换初始化、外设 A/D 转换初始化、载波相关信息的配置。主程序流程如图 3-52 所示，中断程序流程如图 3-53 所示。

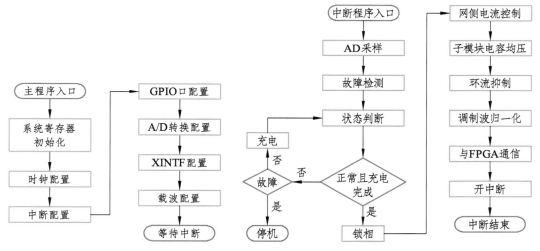

图 3-52　主程序流程　　　　　图 3-53　中断程序流程

1. 采样子函数

控制器通过 F2833x 及 THS1206 两部分完成系统各电压、电流信号量的 A/D 转换。通过配置 F2833x 和 THS1206 的相关寄存器，可得到两种芯片的 A/D 转换结果：

$$转换结果 = 4\,095 \times \frac{输入电压}{3} \tag{3-41}$$

$$转换结果 = 2\,048 \times (输入电压 - 1.5) \tag{3-42}$$

应当注意的是，上式中的输入电压是指经信号调理单元调理后的电压。

2．故障检测子函数

该函数用来判断各子模块电容电压是否发生过压及桥臂电流是否发生过流。若任一情况发生，则 PWM 信号锁存，并改变故障标志变量的值。

3．运行状态判断子函数

该函数根据故障标志变量的值判断是否发生故障，若发生，则状态指示灯点亮，使继电器跳闸并将电阻接入桥臂限流。此外，该子函数也完成预充电状态的判断。MMC 启动时，若未预充电，则执行预充电子函数；若已完成，则执行控制函数使 MMC 投入运行。

4．锁相子函数

在本设计中，电网相位是通过 MCU 软件锁相实现的。首先对三相电压进行采样，利用同步旋转坐标变换法进行 $3s/2r$ 变换，得到轴分量。通过控制电压轴分量为 0 可捕捉同步相位。设电网三相电压为：

$$\begin{cases} u_{sa} = U_s \cos\theta \\ u_{sb} = U_s \cos(\theta - 120°) \\ u_{sc} = U_s \cos(\theta + 120°) \end{cases} \tag{3-43}$$

经 $3s/2r$ 变换后，可得：

$$\begin{cases} u_{sd} = U_s \cos(\theta - \hat{\theta}) \\ u_{sq} = U_s \sin(\theta - \hat{\theta}) \end{cases} \tag{3-44}$$

式中，$\hat{\theta}$ 为 dq 坐标系旋转角度。显然，当 $\theta = \hat{\theta}$ 时，则有 $u_{sq} = 0$。三相锁相环控制框图如图 3-54 所示。

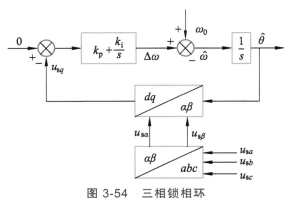

图 3-54　三相锁相环

受电压/电流传感器、模数转换装置影响，F2833x 接收到的三相电压与实际电网电压会有一定的相位差，可采用如下方法进行相位补偿：设在 F2833x 程序中得到的 dq

旋转坐标系下合成的电压矢量为 $\overrightarrow{u_s} = u_{sd} + ju_{sq}$。若滞后电网电压 φ 角度，则将 $\vec{u}_s$ 逆时针旋转 φ 角度得到 $\overrightarrow{u'_s} = u'_{sd} + ju'_{sq}$，如式（3-45）和（3-46）所示。用 u'_{sq} 作为锁相输入信号，便可实现相位补偿：

$$\overrightarrow{u'_s} = u_s e^{j\varphi} \tag{3-45}$$

$$\begin{cases} u'_{sd} = u_{sd} \cos\varphi - u_{sq} \sin\varphi \\ u'_{sq} = u_{sd} \sin\varphi + u_{sq} \cos\varphi \end{cases} \tag{3-46}$$

5．预充电子函数

MMC 各桥臂含有大量储能电容，为减小启动时间及防止电网冲击电流，需将 MMC 电容电压充至额定值附近，方可正式投入运行。试验中，选择通过直流侧进行充电，具体过程如下：首先，桥臂串入限流电阻；其次，MMC 三相单元的上桥臂各子模块插入，下桥臂各子模切除，对上桥臂各电容充电。一段时间后，上桥臂各子模块切除，下桥臂各子模块插入，对下桥臂各电容充电。这样循环对上桥臂、下桥臂反复几次充电后，子模块电容电压可充至额定值附近。循环次数及每次充电时间由限流电阻阻值及电容容值决定；最后，切除限流电阻，充电完毕，MMC 投入运行。预充电流程如图 3-55 所示，图中，T 表示每个桥臂充电时间限值，充电时间 $t_充$ 可根据 F2833x 计数器判断，N 表示充电循环次数。

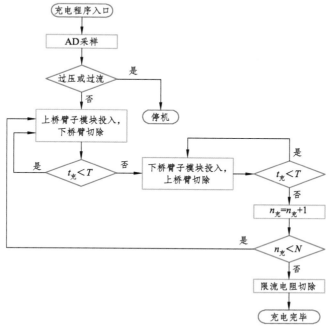

图 3-55　预充电程序流程图

6．控制子函数

控制子函数包括网侧电流控制、电容电压均衡控制、环流抑制、调制波设置。网侧电流控制用来控制并网电流，电流参考值可由功率外环或电压外环生成，与二电平变换器的双闭环控制类似。

现场可编程门阵列（FPGA）器件是运用阵列结构以及静态随机的方式存储其内部逻辑单元，拥有较高的集成性与灵活的设计方式，并且能够重复进行编程设计，还能现场进行调试。FPGA 除了具有传统可编程逻辑器件所具有的程序加密设置、硬件系统软件化设计、逻辑规模庞大等特点外，还具有高可靠性、高速以及高集成度等优点。FPGA 的单位时间可达到纳秒级别，所以在实时测控与高速应用领域有着广阔的应用前景。同时 FPGA 可将整个系统囊括在一个芯片中，使控制系统占用的空间大大减小，便于之后的屏蔽与管理。FPGA 应用于电力电子设备的控制器中，可实现多种算法并简化控制系统结构。它以硬件连线的方式实现软件算法，提高了运算速度，且可以实现并行计算，提高了整个控制系统的抗扰水平。

控制系统中 FPGA 软件部分使用 Verilog 语言进行编程设计。Verilog 是模块化的编程，可以通过把复杂的功能划分为简单的功能，每个单一的模块就是提供每个简单功能的基本结构。通过采取"自顶向下"的思路，可将高阶总体功能划分为若干低层次的功能模块。通过多个子模块的互相连接与调用形成具有更高层次的模块或者功能，而单个的模块只需要完成一种子功能即可。每个单一模块被包含在关键字"module""endmodule"之内。类似 C 语言中的函数，Verilog 语言通过提供输入、输出端口，可调用其他模块，也可被其他模块调用。通常可以将模块分为组合逻辑部分和过程时序部分。

在 FPGA 的辅控程序中，主要完成载波的生成与 PWM 调制过程。调制过程分为比较与死区控制两部分。程序设计中采用自顶向下的思路，顶层模块即输出 PWM 信号；底层按功能分工可分为锁相环子模块、信号同步子模块、载波生成子模块、比较子模块、死区控制子模块和显示子模块。

锁相环子模块对外部有源晶振进行倍频，提高指令计算速度及控制的实时性。在控制系统中，晶振频率为 30 MHz，经倍频后 FPGA 工作频率为 100 MHz。

三角载波在程序中的实质是一个加法器与减法器组成的循环计数器。加法器从最小值计数到最大值，然后减法器再从最大值计数到最小值，这样便形成了载波的一个周期。可见，载波周期不仅与工作频率有关，还与计数最大值有关。信号同步子模块的首要作用是产生载波同步信号。在此同步信号作用下，各载波载入初始状态，即起始的计数值及计数方向。当同步信号发生时，无论当前计数状态如何，均从初始状态开始计数。此外，信号同步子模块还承担控制计数器的计数方向和增减状态的职责。若当前计数值达到最大，则改变计数方向寄存器的值，并使减法器投入运行，向下计数；若当前计数值达到最小（即为 0），则应再次改变计数方向寄存的值，并使加法器投入运行，向上计数；若当前计数值介于最大值与最小值之间，应选择工作在向上计数还是向下计数，该选择由当前计数方向寄存器的值决定。因此，在达到最大值及最小值这两点时，应刷新计数方向寄存器的值。

在使用载波移相调制时，FPGA 中应生成具有相对相移的三角波。这决定了生成各载波时，各计数器不能从同一状态（包括计数值及计数方向）开始计数。可利用信号同步子模块中的同步信号，在开始计数时使各载波的计数器载入不同的计数状态。各载波的初始计数信息均在 F2833x 程序中有定义，当在 FPGA 中使用时应先进行通信。这也体现了 F2833x 与 FPGA 的主从控制关系，在程序设计调试过程中，若要改变载波相位即初始计数信息，仅需改动 F2833x 程序中的相关变量即可，避免了同时修正 FPGA 的程序，这有效节省了调试时间，缩短了软件设计周期。

PWM 波的产生原理就是通过比较三角波与正弦波来实现的，当正弦波大于三角波时输出高电平，当正弦波小于三角波时输出低电平，由此便得到 PWM 波。而开关器件并不是理想的功率器件，都存在一定的导通和关断延时。一般情况下导通延时往往小于关断延时。因此，对于半桥子模块，上、下两个功率器件在工作状态转换时很可能发生直通短路所造成的危险。为了防止这种情况，需要先将处于导通状态的器件关断一段时间，等到确定可靠关断后再将另一个器件导通，即需要设置死区时间。程序中，死区时间的设置是通过将调制波的数值抬高或降低一定的量予以实现。根据选用的 IGBT 的相关参数，程序中设置死区时间为 2 μs。

3.6.3　控制保护装置设计

1．控制保护系统框架

MMC 设备级控制保护系统的结构示意图如图 3-56 所示。设备的控制系统分为三层式网络控制结构，由上往下依次为 MMC 控制器、相控制器、单元控制器。

MMC 控制保护系统由 MMC 控制器和 A/B/C 3 个相控制器组成。MMC 控制器进行 PLL 控制，总直压、有功、无功以及交流电压/频率控制，并生成调制波下发至相控制器，由相控制器进行均压计算，同时相控制器将各相的总直压上送至 MMC 控制器。相控制器进行均压计算后，通过光纤将脉冲下发至功率模块单元控制器，单元控制器将光信号转换为电信号以驱动 IGBT。此外，单元控制器将采集到的模块直压、温度、故障信息等上送至相控制器。

MMC 控制器的核心为高性能 DSP 与 FPGA 芯片。MMC 控制器采集系统电压、系统电流等模拟量。三路装置电流信号通过高速光纤以通信的方式上送至 MMC 控制器。

MMC 控制器里主要包含了总直压环控制模块、单元均压控制环、锁相环模块、目标电流生成和跟踪模块。MMC 控制器将最终的目标电流值通过高速光纤通信发送给相控制层。

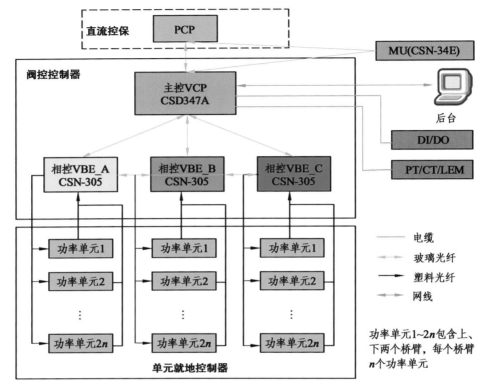

图 3-56　控制器分层设计示意图

相控制层由 3 套相控制器组成，每套相控制器控制单相单元阀组。在本方案中，一个相控制器控制两个桥臂共计 144（72×2）个功率单元。相控制器的核心为高性能 DSP 与 FPGA 芯片，其中，绝大多数的控制算法在 FPGA 芯片中运算执行。

相控制器以通信的方式获知每个功率单元的直流电压、温度等信号，并上送至 MMC 控制器。相控制器主要包含载波生成模块，相控制器将载波通过光纤通信下发给每个功率模块控制板。

单元控制层由 432（72×6）套单元控制器组成，每个功率模块配置一套单元控制器，核心为 FPGA 芯片，主要完成就地脉冲生成与管理、就地模拟量（包含 IGBT 核内温度和直流电压）与状态采集、就地故障保护与旁路功能实施等功能，其通过光纤通信与相控制器连接。

MMC 控制器通过 IEC61850-GOOSE/MMS 分别接入上级监控和控制系统，上级控制系统内部可实现高级应用策略，并将启动/停止命令，有功功率、无功功率期望下传至 MMC 控制保护系统，以实现潮流控制等功能。MMC 采用基于国际标准的通信协议和接口。接口采用百兆光/以太网。此协议是目前最为先进的通信标准，具有如下优点：

（1）通信协议标准化程度更高，大大减少了不同供应商的设备之间通信调试周期。

（2）DL/T860-MMS 可接入的数据量更大、维护更方便，设备越多优势越明显。

（3）DL/T860-GOOSE 通信速度更快，同时 GOOSE 通信采用光纤通信，抗干扰性大大提高。

（4）MMC 控制器具备完善的数据记录功能要求，可记录包括开关动作、通信异常、故障动作等告警和保护报文的时间记录和动作报告，并可连续保存不少于 50 次全过程记录的故障数据（包括波形数据），录波长度可由操作人员通过定值设置功能进行下发，且录波数据停电不丢失。通过提供的就地调试软件 CSPC 可将历史数据导出，以便于对故障进行历史分析。

2．控制器分层设计

由于直流配网类 MMC 与柔直的实际需求和应用不同，会根据项目实际情况决定是否配置控保装置，因此 VCP 需要具有 PCP 的功能，并且可以通过压板进行投退。控制器分为阀控控制器及单元就地控制器。

3．控制器硬件方案

本书所介绍的主控制器采用 CSD-347A 控保装置，如图 3-57 所示。CSD 系列产品是北京四方继保自动化股份有限公司（简称四方公司）自主研发系列直流控保产品。

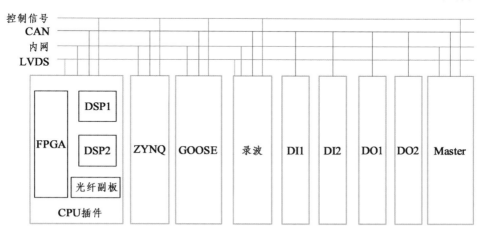

图 3-57　CSD-347A 插件通信架构

CSD-347A 控制器各插件说明如下：

（1）交流插件板：交流电压、电流采样，用于采集系统电压、阀侧电压、桥臂电流等电气量。

（2）CPU 插件：主控 CPU 板，内部配置 DSP 及 FPGA，具备多路高速光纤口。其中，由上至下为 3 对高速光纤口，分别与 3 个相控制器进行数据通信，1 对高速光纤口与另外一台系统控制器进行数据交换。其余光口用于接收光信号采样。

（3）开入插件：采集输入开关量信号。

（4）开出插件：输出开关量信号。

（5）电源插件：电源板，为控制器各个板卡通过背板供电，输入 240 V，配置两路。

（6）管理插件：控制器的通信管理板件，可提供 4 路以太网口。

以上所有板卡集成于一个 4U 高度的全铝金属机箱内，安装于主控柜内。高压直流电源相控制器采用 CSN-30S 控保装置，其背板图如图 3-58 所示。CSN 系列产品是四方公司自主研发系列换流阀通用控保平台，已大量应用于配电网柔性换流阀、静止无功发生器、直流融冰装置等产品。

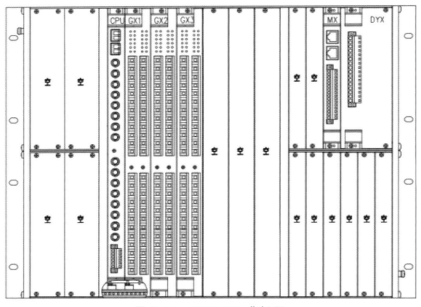

图 3-58　CSN-30S 背板图

CSN-30S 控保系统各插件说明如下：

（1）CPU 板：相控制器核心控制板，内部配置 DSP、FPGA 芯片，具备多路高速光纤口。其中由上至下，1 对高速光纤口与主控制器进行数据通信，2 对高速光纤口分别与另外两台相控之间进行数据通信。

（2）GX 板：光纤板，将相控制器计算出的调制波以高速通信的方式下发至每个功率单元。每块 GX 支持 24 对光纤通信，即可以连接 24 个功率模块。每个相控制器配 2 块 GX，可支持 28 对光纤通信，即可以连接同一相上、下两个桥臂的模块。

（3）电源板（DYX）：提供控制器各个板卡电源。

（4）Master 板：控制器的通信管理板件，可以提供 2 路以太网、2 路 485 接口，支持 Modbus 等多种通信规约。

主控制器与相控制器间的连接关系如图 3-59 所示，各控制器间采用玻璃光纤进行通信。

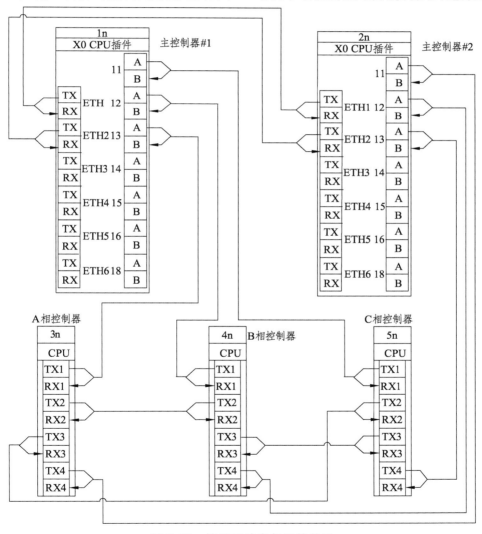

图 3-59　控制系统电气连接关系

3.7 MMC 换流器设备研制

该换流器用于实现 ± 30 kV 直流至 35 kV 交流的变换。依据需求，电源拓扑采用模块化多电平换流器（Modular Multilevel Converter，MMC）结构。模块化多电平换流器利用串联模块技术构成外环特性的电压源，可做到 4 象限运行。典型 MMC 采用半桥子模块（Half Bridge Sub Module，HBSM）设计，扩展灵活，维护方便；采用多电平换流直流输电，具有损耗较小的特点，且输出谐波小，无须滤波装置。如图 3-60 所示为典型 MMC 主电路拓扑结构示意图，包含 6 个桥臂，每个桥臂由 1 个桥臂电抗器和 n 个功率模块串联组成。

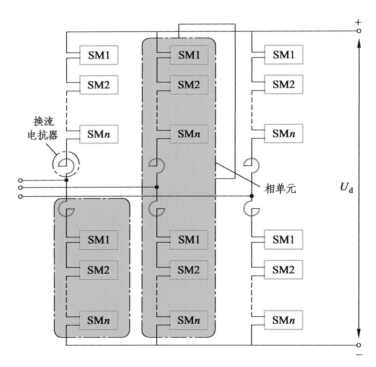

图 3-60　典型 MMC 主电路拓扑结构示意图

MMC 换流器的基本工作原理：按照一定的策略投入或退出功率模块，使其交流输出侧电压以阶梯波形式逼近正弦波（见图 3-61），该控制方式称为 NLM 调制（Nearest Level Modulation，最近电平逼近调制）。由于单桥臂的模块数量较多，因而其逼真度较高，输出仅需电感滤波即可。对于桥臂模块数较少的情况，可采用载波移相调制与 NLM 调制结合的方式，通过提高开关频率以降低输出电压谐波含量。

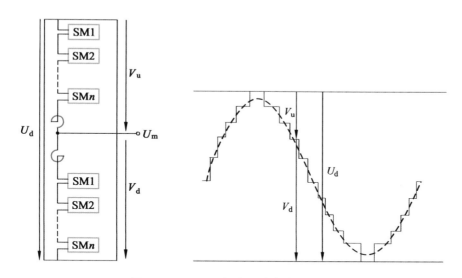

图 3-61　MMC 交流侧输出电压波形

目前 MMC 换流器的功率模块拓扑包括半桥、全桥、箝位双子、增强阻尼等多种类型。对于本项目的高压直流电源，其需求主要为：

（1）输出电压可从 0 到 ± 30 kV 输出。

（2）可抵御直流短路故障。

（3）经济性好，可靠性高。

依据此 3 项需求，选用全半桥模块混合型 MMC 拓扑。全半桥模块数量的合理配置，使整机具备直流电压调节能力和直流故障阻断能力，同时配备模块旁路功能来提高连续无故障运行能力。

控制策略方面，采用传统的 MMC 换流器控制方法即可，主要由电压/功率外环控制、电流内环控制、模块均压控制、环流抑制控制组成。在本项目中，由于运行模式单一，外环控制目标为直流电压。

3.7.1　设备的一次参数计算

1. 总体技术要求

本项目主要技术参数要求如表 3-8 所示。

表 3-8　主要技术参数要求

参数项	数值
额定容量/MVA	5
无功输出范围/Mvar	−5～5
额定直流电压/kV	±30
直流最高持续运行电压/kV	±31.5
直流最低持续运行电压/kV	±28.5
额定直流电流/A	83.3
最小直流运行电流/A（建议值）	8.33
MMC（阀）侧额定交流电压/kV	32
MMC（阀）侧额定交流电流/A	90.2
MMC 桥臂额定电流/A	53
MMC 桥臂电流峰值/A	91.6

2．一次电路结构

MMC 变流器一次电路结构如图 3-62 所示，整装置由开关柜、变压器、启动回路、铁心电抗器和功率阀组 5 部分组成。

3．模块数量计算

为实现直流故障清除功能，并综合考虑造价、控制难度等，本书采用基于 FBSM+HBSM 的混合 MMC 拓扑结构。当发生直流故障时，HBSM 通过 D_2 退出，由 FBSM 提供反压以快速阻断直流故障，因此要求单个桥臂内 FBSM 电容提供的反向电压应大于交流相电压幅值。

根据系统需求可知，直流母线电压 $U_{DC} = 60$ kV，交流线电压有效值 $U_{AC} = 32$ kV，MMC 每个桥臂 SM 数量 $N_{sm} = 72$（含 2 个冗余），那么每个 SM 稳定运行时的直流电压为：

$$U_{sm} = \frac{U_{DC}}{N_{sm}} = 0.833 \text{ V} \tag{3-47}$$

假设 FBSM 数量为 N_f、HBSM 数量为 N_h，为了实现 MMC 对直流故障的抑制，需要满足：

$$N_f \times U_{sm} > \frac{1.414 U_{AC}}{1.732} \tag{3-48}$$

根据以上约束条件可得 $N_f > 27.8$。实际工况中，考虑混合 MMC 直流故障后的去游离及一定裕量，取 FBSM 为桥臂模块数量的 50%（ $N_f = N_h = 36$ ），如图 3-19 所示。

至35 kV　2UL集电线路开关柜

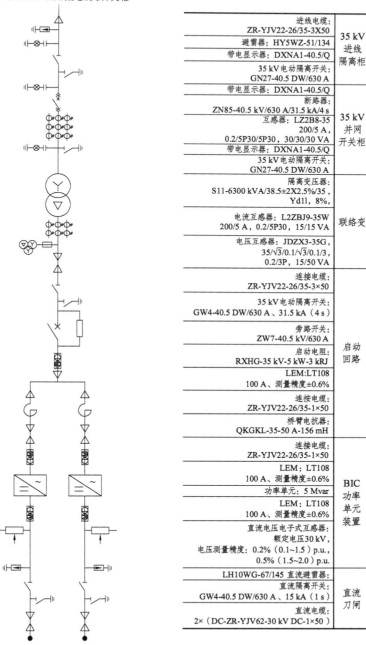

进线电缆： ZR-YJV22-26/35-3X50	35 kV 进线 隔离柜
避雷器：HY5WZ-51/134	
带电显示器：DXNA1-40.5/Q	
35 kV 电动隔离开关： GN27-40.5 DW/630 A	
带电显示器：DXNA1-40.5/Q	35 kV 并网 开关柜
断路器： ZN85-40.5 kV/630 A/31.5 kA/4 s	
互感器：LZ2B8-35 200/5 A， 0.2/5P30/5P30，30/30/30 VA	
带电显示器：DXNA1-40.5/Q	
35 kV 电动隔离开关： GN27-40.5 DW/630 A	
隔离变压器： S11-6300 kVA/38.5±2X2.5%/35， Yd11, 8%,	联络变
电流互感器：L2ZBJ9-35W 200/5 A，0.2/5P30，15/15 VA	
电压互感器：JDZX3-35G， 35/√3/0.1/√3/0.1/3， 0.2/3P，15/50 VA	
连接电缆： ZR-YJV22-26/35-3×50	启动 回路
35 kV 电动隔离开关： GW4-40.5 DW/630 A，31.5 kA（4 s）	
旁路开关： ZW7-40.5 kV/630 A	
启动电阻： RXHG-35 kV-5 kW-3 kRJ	
LEM:LT108 100 A、测量精度±0.6%	
连接电缆： ZR-YJV22-26/35-1×50	
桥臂电抗器： QKGKL-35-50 A-156 mH	
连接电缆： ZR-YJV22-26/35-1×50	BIC 功率 单元 装置
LEM：LT108 100 A、测量精度±0.6%	
功率单元：5 Mvar	
LEM：LT108 100 A、测量精度±0.6%	
直流电压电子式互感器： 额定电压30 kV， 电压测量精度：0.2%（0.1~1.5）p.u.， 0.5%（1.5~2.0）p.u.	
LH10WG-67/145 直流避雷器：	直流 刀闸
直流隔离开关： GW4-40.5 DW/630 A、15 kA（1 s）	
直流电缆： 2×（DC-ZR-YJV62-30 kV DC-1×50）	

至±30 kV开关站　　至±30 kV开关站

图 3-62　MMC 一次电路结构

4．功率模块设计

功率模块由功率器件（IGBT 及其驱动器）、直流支撑电容、快速旁路开关、吸收电容、并联电阻、高位取能开关电源及就地控制器组成。

5 MVA MMC 变流器网侧额定交流电压为 32 kV，阀侧额定交流电压为 32 kV，直流输出电压为 ± 30 kV，依此计算并对模块各组件进行选型。5 MVA MMC 交流侧额定电流为：

$$i_{AC} = \frac{S}{1.732U_{AC}} = 31.3 \text{ A} \tag{3-49}$$

式中，S = 5 MVA，U_{AC} = 32 kV。

直流输出电流为：

$$i_{DC} = \frac{S}{U_{DC}} = 83.3 \text{ A} \tag{3-50}$$

式中，S = 5 MVA，U_{DC} = 60 kV。

桥臂电流交流分量为：

$$i_{h\_AC} = 0.5 \times i_{AC} = 15.7 \text{ A} \tag{3-51}$$

桥臂电流直流分量为：

$$i_{h\_DC} = \frac{i_{DC}}{3} = 27.8 \text{ A} \tag{3-52}$$

桥臂电流表达式为：

$$i_h = \sqrt{2} \times 15.7 \sin \omega t + 27.8 \tag{3-53}$$

桥臂电流有效值为：

$$i_{h\_rms} = \sqrt{i_{h\_AC}^2 + i_{h\_DC}^2} = 31.9 \text{ A} \tag{3-54}$$

桥臂电流峰值为：

$$i_{h\_peak} = \sqrt{2} \times i_{h\_AC} + i_{h\_DC} = 50 \text{ A} \tag{3-55}$$

根据以上计算，IGBT 规格选定为 1 700 V/100 A，满足运行要求且裕量足够直流支撑电容起到能量存储和直流电压支撑的作用，其大小与混合 MMC 的额定功率大小、桥臂模块个数 N 以及模块直流电压之间满足：

$$C = \frac{P_s}{3KN\omega_0\varepsilon U_c^2}\left[1 - \left(\frac{K\cos\varphi}{2}\right)^2\right]^{\frac{3}{2}} \qquad (3\text{-}56)$$

式中，P_s 为 MMC 变流器额定功率，取 5 MVA；K 为调制比，取 0.9；N 为桥臂模块数量，取 70；ω_0 为额定角频率，取 314；ε 为直流电压波动系数，取 5%；U_c 为模块运行电压，取 833 V；$\cos\varphi$ 为功率因数，取 1。此外，需考虑模块在故障快速旁路过程中的电压上升，如式（3-57）所示。当模块在 t_1 时刻发生过压保护（设定值为 1 050 V），触发旁路开关闭合，快速旁路开关可在 3 ms 内完成动作，也即 $t_2 - t_1 = 3$ ms，考虑最严重情况 t_2 时刻对应桥臂电流峰值，则在此工况下模块直流电压被充电至最高。

$$\int_{t_1}^{t_2} U_c = \frac{1}{C}\int_{t_1}^{t_2} i\,\mathrm{d}t \qquad (3\text{-}57)$$

$$U_{c(t_2)} = U_{c(t_1)} + \frac{1}{C}\left[I_{(t_2)} - I_{(t_1)}\right] \qquad (3\text{-}58)$$

为确保模块安全并考虑一定裕量，电容选取 1 260 μF，工程中采用 3 个 1 100 V/420 μF 的电容并联。

快速旁路开关用于实现冗余子模块和故障子模块的快速投切。故障发生时通过闭合故障子模块中的旁路开关使故障子模块短路，退出运行。旁路开关的额定电压值应满足子模块工作电压需要，其工作电压为直流电压。额定电流值应满足桥臂通态情况下通流量的要求，工作电流为有偏置的正弦波电流。本设计选择旁路额定电压 1.14 kV，额定电流 100 A，闭合动作时间小于 3 ms，闭合后可实现机械自保持，满足运行要求。

高位取能电源输入侧为模块直流电压，输出为一路 15 V、一路 400 V，其中 15 V 为就地控制器及驱动回路供电，400 V 为快速旁路开关操作回路供电。高位取能电源输入电压范围为 150 ～ 1 600 V，总功率为 45 W。

就地控制器为功率模块的核心单元，具备监测、控制、保护、通信功能，采用 FPGA 芯片实现。就地控制器与上级主控单元间采用高速光纤通信，将就地采集到的直流电压、模块温度、功率器件状态、电源状态、旁路开关位置上送至主控单元，同时接收主控单元下发的脉冲信号，并将之转换为电驱动信号对功率器件进行驱动调制。当就地控制器检测到模块故障时，会在就地直接闭锁，并依据故障情况闭合旁路开关，或由主控单元下发整机跳闸命令。

5. 隔离变压器

连接变压器的作用主要有 3 个方面：第一方面是实现电网电压与 MMC 直流电压之间的匹配；第二方面是实现电网与 MMC 之间的电气隔离，特别是隔离零序电流的流通；第三方面是起到连接电抗器的作用，用以平滑波形和抑制故障电流。连接变压器的参数选择包括确定连接变压器的容量、绕组联结组标号、网侧额定电压和阀侧空载额定电压、分接头档距和档数、短路阻抗等。

连接变压器的容量通常由 MMC 与电网之间交换功率的大小确定。考虑变压器自身消耗的无功后，连接变压器的容量通常为 MMC 容量的 1.1~1.2 倍。连接变压器的绕组连接方式一般是网侧星形接地、阀侧星形不接地或三角形连接；对于网侧不直接接地的电力系统，也有采用网侧三角形连接、阀侧星形接地的连接方式。连接变压器的分接头档距和档数主要决定于网侧电压在实际运行过程中的变化幅度，确定档距和档数的基本准则是保持连接变压器阀侧空载电压在网侧电压变化时基本维持恒定。连接变压器的短路阻抗根据变压器制造时的经济合理条件取较小的值。下面重点分析连接变压器阀侧空载额定相电压有效值 U_{VTN} 的取值方法。

当 MMC-HVDC 系统直流侧电压 U_{DC} 确定后，U_{diff} 的变化范围就已经确定。在 MMC 容量和直流侧电压 U_{DC} 给定的条件下，U_{diff} 和 U_v 取值越高，阀侧交流电流 I_v 就越低，桥臂电流的取值也就越低，既可降低对子模块开关器件和电容器电流额定值的要求，也可降低子模块电容电压波动的幅度，有利于降低换流器的投资成本并提高其运行性能。因此，阀侧空载电压 U_{VTN} 的确定原则就是使 U_{diff} 和 U_v 尽量取高值。确定阀侧空载电压 U_{VTN} 的运行工况是 MMC 满容量发无功的工况，此时，U_{diff} 取到最大值（调制比 m 取 1），不再考虑其他裕度。实际上满容量发无功时，网侧交流电压往往低于其额定电压，在变压器分接头保持额定位置的情况下，阀侧空载电压低于其额定电压，因而调制比 m 在这种工况下实际上并不会达到 1，MMC 仍然具有一定的输出电压调节裕度。变压器阀侧空载线电压的额定值是与连接变压器的漏抗和桥臂电抗的取值相关的，一般情况下可以取 $U_{DC}/2$ 的 1.00~1.05 倍。

根据系统需求，连接变压器参数如表 3-9 所示。

表 3-9　连接变压器参数表

参数项	数值
连接变压器容量（单相双绕组）/MVA	6
连接变压器形式	DYN11
连接变压器短路阻抗	8%~10%
连接变压器网侧绕组额定（线）电压/kV	35
连接变压器阀侧绕组额定（线）电压/kV	32
连接变压器分接开关级数	+2
连接变压器抽头调节级差	2.5%
中性点接地电阻/kΩ	5

6．桥臂电抗器

除滤波之外，桥臂电抗器还负责抑制桥臂环流和限制 MMC 内部故障以及直流故障时的电流上升率。桥臂电抗器电抗值的选择需要考虑 MMC 的最大无功电流输出能力、桥臂环流抑制、PCC（公共连接点）的谐波水平、直流线路谐波、电流跟踪响应速度等因素。

当桥臂功率模块个数超过 20 时，MMC 谐波次数较高且数值较小，而为了抑制 MMC 内部故障以及直流故障时桥臂电流上升率，对桥臂电抗器的要求也非常低。因此，避免与二倍频环流形成谐振成为限制桥臂电抗器设计的关键因素。

桥臂电抗 L_{arm} 与桥臂模块个数 N_{sm}、模块电容 C_{sm} 以及相单元串联谐振角频率 ω_{res} 满足下述公式：

$$L_{arm} = \frac{N_{sm}}{4 C_{sm} \omega_{res}^2} \tag{3-59}$$

二倍频环流谐振角频率 ω_{cir} 为 1.55 ~ 2 倍系统额定角频率 ω_0，因此，一般设计相单元串联谐振角频率 ω_{res} 为 0.9 ~ 1 倍系统额定角频率 ω_0。

针对本项目（$U_{DC} = 60$ kV，$C_{sm} = 1\ 260$ μF，$N = 72$），$\omega_{res} = \omega_0$ 对应 $L_{arm} = 129$ mH；$\omega_{res} = 0.9\omega_0$ 对应 $L_{arm} = 159$ mH。工程中 L_{arm} 取值 156 mH。系统调制比为：

$$K = \frac{\sqrt{2}/\sqrt{3} \times U_{AC}}{\dfrac{U_{DC}}{2}} = \frac{\dfrac{1.414}{1.732} \times 32\ \text{kV}}{30\ \text{kV}} = 0.871 \tag{3-60}$$

7．预充电电阻选择

预充电电阻阻值越大，充电电流越小，对 MMC 的冲击就越小，但充电电阻具有一定的分压作用，在充电结束后闭合旁路开关时同样会对 MMC 产生冲击电流。因此，预充电电阻阻值并非越大越好。另一方面，作为一种保护性的设计，预充电电阻在限制 MMC 充电电流的同时也产生了损耗，充电电阻越大，充电时间越长，损耗就越大。此外，预充电系统与 MMC 的主回路拓扑结构有直接联系，本设计中 MMC 为背靠背系统，需要一套预充电系统给多个 DC/DC 直流母线侧电容充电。为保证系统的稳定运行，需要对 MMC 的预充电系统进行精确计算。此外，工程中还要考虑单相预充电电阻短路（A 相）时 MMC 的应力分布。

预充电电阻的工程设计主要考虑 3 方面：

（1）预充电期间的累积能量。

（2）充电时间。

（3）最大瞬时功率。

理论推导及试验已经证明：预充电电阻在预充电期间所累积的能量等于换流器预充电结束后模块电容所储存的能量，即单相电阻的累积能量为：

$$W = 2N \times 0.5 \times C \times U_C^2 = 2 \times 72 \times 0.5 \times 1\,260 \times 10^{-6} \times 396^2 = 14.3 \text{ kJ} \quad （3\text{-}61）$$

式中，$N = 72$，$U_C = 396$ V，$C = 1\,260$ μF。

设定预充电时间为 4 s，预充电电阻与桥臂等效电容的等效时间常数 $\tau = RC_{eq}$。根据 RC 回路充电原理，也即 $4\tau = 4$，$\tau = 1$ s。

$$C_{eq} = \frac{C_0}{N} \times 2 = \frac{1\,260}{72} \times 2 = 35 \text{ μF}$$

电阻计算值 $R = 28.6$ kΩ。

考虑电容充电电压和充电时间留取裕量，通过运行经验，实际电阻取 3 000 Ω，实际充电完成时间为 105 ms。由于上电瞬间电容电压不能突变，模块电容相当于短路状态，在初始时刻预充电电阻瞬时功率达到最大值，根据系统仿真结果，考虑换流阀和直流线缆，最大充电电流为 6.55 A。综合以上计算，选取电阻器阻值为 3 000 Ω，额定功率为 5 kW，短时可承受 150 kW。

3.7.2 MMC 变换器结构设计

1. 功率模块结构设计

功率模块主要由支撑电容、IGBT、控制器、驱动板，电源、BUSBAR、输出排、旁路开关及触发板、钣金壳体等组成，其外观模型如图 3-63 所示。

图 3-63 功率模块外观模型

模块尺寸为宽 180 mm、高 300 mm、深 500 mm。

模块顶层靠前侧安装控制器，外壳前面板上加工有端子孔，使板卡上的光纤通信口、电源端口、程序烧写口、状态指示灯在不拆模块零件的情况下均能直接使用。控制器后部装有 DC/DC 电源，其从支撑电容上取电降压后供控制器、驱动板和旁路开关工作使用。

模块中层由 IGBT 及其驱动板和所附散热器构成，含大量功率变换的开关器件，在高速开关过程中会产生大量损耗，以发热的形式传导到散热上，再由散热风道中流过的空气运送到模块外部。

模块下层由支撑电容、旁路开关及触发板构成。支撑电容作为功率模块的储能元件，通过 Busbar 与 IGBT 连接，主要起到吸收和释放电能的作用；旁路开关并联到对外的输入排上，在功率模块故障时，通过触发板使其在极短时间内旁路动作，保护模块不受损坏，并使设备整体运行不受影响。

模块有全桥和半桥两种型号，其功率模块内部结构分别如图 3-64 和 3-65 所示。两者结构上的主要区别在于：半桥比全桥少了一组 IGBT 及驱动板。由于半桥 IGBT 只有 1 组，其损耗也大大降低，故散热器也做了相应的适配设计，有效降低了半桥模块的质量，减少了维护时装拆的工作量；并且从外观上更容易区分全、半桥模块，同时能够防止生产和使用过程中因外形相似而产生混淆的发生。

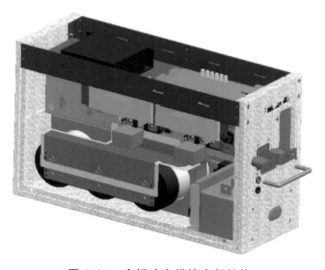

图 3-64　全桥功率模块内部结构

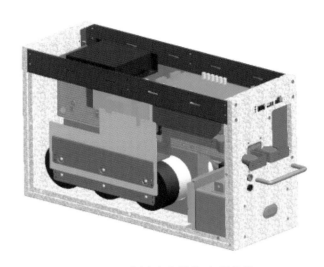

图 3-65　半桥功率模块内部结构

2．整机结构设计

整机的阀组有 A、B、C 3 相，每相有上、下两个桥臂，每个桥臂由 72 个功率模块链式串联而成。每相设计一台集装箱，箱内左侧为控制室，右侧为阀组室，两个室之间由装有电磁锁的检修门连接。运行状态时巡检工作人员只能通过左侧集装箱门进入控制室观察设备运行状态。其单相功率阀体集装箱模型如图 3-66 所示。集装箱靠近通道一侧安装有工业空调，另一侧安装有冷却用离心风机和回风通道。

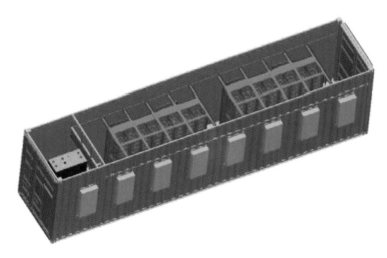

图 3-66　单相功率阀体集装箱模型

A、B、C 3 台集装箱的控制室各配有一台相控制柜，A 相控制室内另增加一台主控制柜；阀组室各有两组阀架，左侧为下桥臂阀，右侧为上桥臂阀。交流电缆由阀组室中间地板上进入分别接入上、下桥臂的接线排；直流电缆在阀组室两端地板上分别进入，并分别使 A、B、C 3 相的上、下桥臂连接后，经过 A 相箱内的电力电子互感器后出集装箱去往直流刀闸。

每一组阀架有 8 列，每列从下到上共 9 台功率模块，每组共 72 台功率模块。模块后部紧靠绝缘风道，风道通过模具制作的圆筒形绝缘风筒与挂在集装箱侧壁上的离心风机组件相连。通过离心风机的运转，使风道内形成负压，从而让模块散热器入口处的空气进入模块内部，待升温后被离心风机抽走，达到冷却 IGBT 的目的。

3.7.3　MMC 环境适应性设计

环境适应性是指装备在其寿命期内预计可能遇到的各种环境的作用下可实现其所有预定功能、性能和不被破坏的能力，是设备的重要质量特性之一。其可能存在的环境条件有日照高温、低温、潮湿、雨雪、振动、电磁辐射等，现对其进行分析。

1．MMC 散热设计

经项目工程现场环境资料表明，山上天气极端温差较大，空气污染等级中等但湿度大，为降低因环境造成的设备运行风险，避免因故障停机造成的发输电损失，延长MMC 设备使用寿命，最终讨论确定阀组设备采用"风冷+空调"的方式散热。

根据仿真计算结果，MMC 阀组整体损耗约为 80 kW，分到每个桥臂的损耗约为 80 kW/6 ≈ 13.34 kW。

根据以下公式计算：

$$q' = Q/(0.335 \times \Delta T) \tag{3-62}$$

式中　q'——实际所需风量，m³/h；

　　　Q——散热量，W；

　　　ΔT——空气温升，℃。

设 ΔT 取值为 10 ℃，有 q' = 13 340 /（0.335 × 10）≈ 4 012 m³/h。

考虑风道及散热器阻力所造成的风压损失，风机最大风量值约为计算风量的 2 倍，即 8 024 m³/h。

单组阀架总宽 3 430 mm，为减小阀架上各模块之间冷却风速的差异，需要至少布置两台离心风机组件。所以每台风机的实际通风量应 ≥ 4 012 m³/h，标称通风量应 ≥ 8 024 m³/h。

根据离心风机相关技术参数，每组阀架选用 2 台施依洛 RHA-500D4-55A-3D 型风机为阀组散热。

每台集装箱内设备总损耗约为 26.67 kW，同时考虑箱体表面太阳辐射影响，可选用英维克 8 台 5 kW 工业壁挂空调（MC50HDNC1A-5，220 V），保证集装箱内空气温度能够在任意一台空调故障的情况下都不高于 35 ℃。

2. 除 湿

空气中的湿度过高，会在固体表面附着一层肉眼看不到的水膜，水膜与空气中的酸性气体（如 CO_2、SO_2、NO_2 等）作用而具有弱酸性。这种水膜会使金属零件表面锈蚀，元器件焊点被腐蚀，从而产生断路或电子产品性能下降；此外，水膜还会使陶瓷、玻璃等绝缘电阻下降等。当湿度由低到高变化剧烈时，诸如绝缘陶瓷、玻璃等致密性材料因吸湿性很小而吸湿速度慢，湿气在表面凝聚成水珠，形成凝露现象，使表面电阻下降 100～1 000 倍。本开关器件置于封闭机箱内，可有效降低潮湿带来的危害影响，加上器件本身采取相关密闭措施，使得其能在潮湿环境下良好工作。

3. MMC 三防设计

对控制器印制电路板及焊点、元器件进行表面 PL4122 醇酸树脂膜层保护剂涂敷，内部连接器采用进口连接器，并要求有防松装置。外部非电连接和机械连接部位，除不锈钢材质外，均要求涂覆满足"三防"（防潮湿、防霉菌、防盐雾）要求的有机涂料，确保关键控制板卡具有良好的耐湿热、防腐蚀能力。

3.7.4　MMC 防护等级设计

1. 防护等级确定

MMC 成套装置阀体和开关部分采用集装箱设计，设计防护等级为 IP54。

集装箱对外防尘防水主要集中在门板、空调、风机组件、进出电缆及光纤孔等几处：门板内侧一周装有橡胶密封条，门锁采用户外专用门锁，门框制作有门挡，门上焊接外伸式防水挡檐。

空调为外购标准件，设计防护等级 IP55，通过集装箱侧壁开口法兰固定，其接触面缝隙需要涂抹防氧化硅胶来达到要求的防护等级。

风机组件为自制钣金焊接喷涂组件，通过集装箱侧壁开口法兰固定，接触面涂抹防氧化硅胶，通过加工质量及装配过程质量控制达到要求的防护等级。

进出电缆及光纤孔位于集装箱底部，主要为防尘防火需求，通过使用外购标准防火模块，根据实际使用的电缆需求，现场调整防火模块内表面可撕胶带厚度，达到要求的防护等级。

通过以上各方面的装配质量控制，保证集装箱防护等级达到设计目标。

2．MMC 电磁兼容性设计

1）电磁兼容设计原则

在设计过程中，控制保护装置在满足其功能达到相关指标外，还应注意其使用环境的特殊性、安装状态、电磁环境等因素，对应采取设计防范措施，以减小或消除由于电磁兼容性能未达到设计要求而导致的设备使用寿命缩短。

电磁兼容设计及测试项目主要依据如表 3-10 所示的标准进行，测试对象为控保装置及模块就地控制器。确保控保装置能够抵抗一定程度的干扰外，还应同时考虑不对外界设备造成干扰。

表 3-10　电磁兼容要求

序号	测试项目	依据标准
1	辐射电磁场干扰	GB/T 14598.9
2	电快速瞬变抗扰度	GB/T 14598.10
3	衰减振荡波	GB/T 14598.13
4	静电放电干扰	GB/T 14598.14
5	浪涌冲击度	GB/T 14598.18
6	射频场感应的传导骚扰抗扰度	GB/T 14598.17
7	工频磁场抗扰度	GB/T 14598.8
8	工频抗扰度	GB/T 14598.9
9	电磁发射限值	GB/T 14598.16
10	脉冲磁场抗扰度	GB/T 14598.9

由于控制装置会接入大量来自外部的线缆，其中包括电源、通信、状态、模拟、动力等电缆。因此，控保设备的各种接口会受到一次设备工作时所产生耦合至线缆的电磁干扰信号的干扰。电磁干扰信号会经由控保设备端口传至设备内部，对逻辑、状态、弱电、通信等信号造成干扰，严重时会造成过电压性质的击穿现象，致使设备丧失正常功能。因此，在设计时应考虑在控保设备所有外接端口增加电磁防护设计，以防止设备在现场运行时出现电磁损伤，保障设备达到理论运行寿命。在执行标准时，除了要对标准中要求的测试等级进行测试，还应根据现场实际情况进行开放等级测试，具体如表 3-11 所示。

表 3-11　电磁兼容试验要求

电磁发射	静电放电	浪涌	电快速瞬变	振荡波	介质强度	冲击电压
7 dB	10%	20%	10%	10%	10%	10%

对于本项目的控保装置，其硬件特点为在封闭的金属机箱中布置多电器插件结构，具备电以太网、光纤收发性能，同时具有多路开入、开出端口、外部 DC 220 V 供电的电气特性。主要内部插件品种有 CPU 组件、CPU 开入组件、CPU 开出组件、通信组件、电源组件背板组件。具体组件外部接口如表 3-12 所示。

表 3-12　主要组件外部接口

名　称	外部接口
CPU 组件	电以太网口
CPU 开入组件	220 V 开入
CPU 开出组件	空接点
通信组件	光纤收发
电源组件	外部 DC 220 V 电源
背板组件	无

2）装置外部端口电磁兼容防护

（1）电以太网口：采用带金属屏蔽层覆盖的 RJ45 插座，并保证屏蔽层可靠接地。电以太网数据线进入以太网传输变压器原边前增加线间及线对地 TVS 防护，防止外部以太网线由于串扰及耦合等途径产生的共模或者差模干扰传递至装置内部。传输变压器原边及副边应有明确的电源隔离带进行隔离，不存在交叠情况。传输变压器原边电路所用电源，采用隔离 DC/DC 单独供电，与装置内部电源隔离。

（2）光纤收发端口：该端口的各个光纤收发器供电引脚应与电源之间采用π形滤波进行隔噪处理连接。光纤收发器电源应与内部电源采用π形滤波进行隔噪处理。为防止信号过冲情况发生，应在信号线上串联 33 Ω 电阻。

（3）开入端口：采用光电耦合隔离器件与内部边路进行隔离。为提高开入信号接收稳定性，采用双光电耦合隔离器件串联方式。光电耦合隔离器件输入端并联退耦电容，以提高抗干扰能力。光电耦合隔离器件原副边布线有明确的隔离布线带，原副边布线不能出现交叠现象。

（4）开出空节点端口：采用高品质小型电磁继电器作为端口元件，确保所选用继电器触点机构触点间、触点机构与励磁线圈之间的隔离水平达到使用要求。采用光电耦合隔离器实现弱电控制逻辑控制继电器动作，确保光电耦合隔离器件原副边有明显的布线隔离带，且两侧没有交叠情况出现。继电器布线时，注意触点机构引线与励磁线圈引线应满足间距要求，并有明显区域划分。

（5）外部 DC 220 V 电源：外部 DC 220 V 两入线间并联 X 安规电容，对线上传导差模干扰进行防护。外部 DC 220 V 两入线间对机壳地分别并联 Y 安规电容，对线上传导共模干扰进行防护。并联 X 及 Y 电容后再采用两级共模电感，用以进一步滤除线上传递进入装置内部的共模干扰，同时也可以防护电源工作时的开关噪声沿入线向外传导引起的噪声外溢。电源变压器采用三明治绕法，初、次级线圈间采用铜箔隔离并外接至机壳，减少入线噪声通过初、次级线圈耦合传递至装置内部弱电部分。增加变压器各线圈间隔离材料层数，用以提高初次级耐压水平。

（6）装置内部端口电磁兼容防护：装置内部端口是指装置内部使用电源及信号传递中所需要的电路机构，其电磁防护的主要对象是由于各单板工作所产生的工作噪声的互相干扰及由各单板上外部端口泄漏至装置内部的传导及辐射干扰信号。这部分电路主要存在于背板组件上。

内部信号及各电压在板间传递过程中均采用弱电源及弱电电源地 PCB 包夹方式进行处理，利用 PCB 层间电容特性对电磁噪声信号、信号噪声信号进行退耦处理。同时尽量增大负铜面积，使得各点噪声信号产生的噪声电流以最短路径流回电源地侧。在布线时应注意避免布线环路的行程，防止出现空间电磁信号引发的环形电流，引起区域电压突变。

内部 DC 24 V 是对继电器动作电源，其本身与外部电磁干扰发生源较近，且瞬时电流突变量较大，因此应采用隔离布线方式，应与其他电源及弱电信号线进行区域隔离，不可交叠布线。

对于高速信号线，如 LVDS 总线，应严格实行布线阻抗匹配关系，防止或减少数据错误解析的发生。

对于单板，在取用背板中弱电电源时，应在弱电电源进入端口处进行有效的 π 形滤波电路设计，防止本侧与对侧双向干扰噪声的串扰。

对于单板与背板端子同时使用时，针对中高速信号，应做到各信号对之间采用隔针接地方式，确保高速信号传递中的防护连续性。

（7）单板内部电磁兼容防护：PCB 布线中电源部分按照具体功能进行区域划分，对于不同区域使用的电源均应采用滤波电路设计。多层 PCB 布线应采用电源层与信号层交叠布置，减少信号间串扰情况的发生。电源层负铜应内缩于电源底层布置，防止电源层边缘高频信号空间溢出。尽量缩短走线距离，杜绝尖角布线情况的出现。空间上均匀布置退耦电容，并同时兼顾在芯片周围就近布置散热器，与元件本体连接时应将散热器接地，或进行特别处理，防止高频情况下出现天线效应。对于高辐射单板，应采用金属屏蔽壳体设计并接地，防止电磁波空间外溢。

（8）装置结构电磁兼容防护：采用封闭金属机箱设计，注意金属机箱间隙与电磁波外溢波长的关系。封闭金属机箱各点之间应保证可靠连接且具有极低的阻抗特性。封闭金属机箱各点之间应保持电气连贯。

3.7.5　MMC 绝缘耐压设计

1．功率模块绝缘耐压设计

功率模块作为 MMC 桥臂连接内的一个子单元，根据系统需求可知每个功率模块稳定运行时的直流电压为 833 V，功率模块外壳通过均压电阻中点与电容连接。

功率模块外购件 IGBT 耐压为 1 700 V，电容耐压为 1 100 V，旁路开关耐压为 1 140 V，均能够满足模块运行耐压要求。

2．MMC 整机绝缘耐压设计

MMC 整机绝缘主要包括电气距离和爬电距离两个参数。在设计方案中所填写的设备六面距离参数，已充分考虑了电气距离对设备的影响。由于设备需要安装固定，故爬电距离的计算和确定尤为重要。参照 35 kV 系统电压，根据 GB/T 35703—2017 中 8.8.3 节提到的 14 mm/kV 的爬电比距，同时考虑海拔系数，计算可得直流侧爬电距离为 463 mm，考虑到实际使用时污秽等级的影响，按 25 mm/kV 爬电比距设计，计算如下：

直流侧爬电 30 kV × 25 mm/kV = 700 mm，交流侧爬电 32 kV × 25 mm/kV = 800 mm。

分别考虑海拔系数 1.109 6 得：直流侧爬电距离 777 mm，交流侧爬电距离 888 mm。

公司外购标准的 35 kV 绝缘子，爬电距离 1 140 mm，额定电压 40.5 kV，雷电冲击电压 185 kV，满足绝缘耐压要求。

MMC 装置与箱内侧墙面之间的爬电距离严格按照上述计算结果设计，保证不小于要求参数值，以满足绝缘耐压要求。

第 4 章

直流升压系统协调控制及
保护配置

本章重点探讨光伏直流升压汇集接入系统的协调控制技术、故障检测和隔离技术。直流升压变流器 DC/DC 和柔性直流逆变器 DC/AC 是两类柔性设备，其协调控制、直流系统快速故障检测与保护、交直流系统故障相互影响及保护协调配合技术均是新问题，本章对此做详细讨论，在故障特征研究的基础上研制控制保护装置，为工程应用打下基础。

直流升压变流器 DC/DC 和柔性直流逆变器 DC/AC 正常运行中的协调控制技术包括系统软启动、停机控制和功率分配 3 部分。

4.1　系统软启动

系统的平稳启动是光伏直流升压汇集系统可正常运行的前提和基础。需要合适的启动策略对 DC/DC 变流器输出侧电容及 MMC 的子模块电容进行预充电，并对变流器进行有序解锁，从而减少系统在启动过程中对自身及电网造成的电气冲击。

启动控制的目标是通过控制方式和辅助措施使光伏直流升压汇集系统的直流电压快速上升到接近正常工作时的电压，但又不产生过大的充电电流。在实际 MMC-HVDC 工程中，一般多采用自励启动方式。其中一种可行方案是启动时在充电回路中串接限流电阻，如图 4-1 所示。启动结束时退出限流电阻以减少损耗。

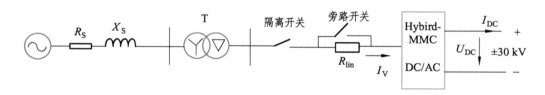

图 4-1　系统启动一次接线示意图

4.1.1　系统启动协调控制流程

系统启动协调控制流程如图 4-2 所示，图中，U_{DC} 代表直流母线电压；U_{DC0} 代表不控充电阶段电压设定值；I_{qb} 代表桥臂电流；U_{DC_ref} 代表直流母线电压参考值。根据图 4-2（a），系统接收到启动指令后，DC/DC 及 MMC 闭锁，断开限流电阻旁路开关，使限流电阻接入，闭合交流断路器，向 MMC 发送预充电指令；当接收到充电完成信号时，闭合限流电阻旁路开关，解锁 DC/DC；DC/DC 启动之后，启用 MPPT，MMC 启用定电压控制。

由图 4-2（b）可知，MMC 在不控充电阶段，半桥 SM 保持闭锁，全桥 SM 需要检测桥臂电流的正负，当 SM 所处桥臂电流为正时，SM 闭锁；当 SM 所处桥臂电流为负时，SM 的 T_1 开关管导通，其余关闭。检测直流母线电压 U_{DC}，当其不小于设定电压 U_{DC0} 时，MMC 进入可控充电阶段。MMC 在可控充电阶段，直流母线电压参考值按照一定斜率上升，当 U_{DC} 不小于 60 kV 时，发送充电完成信号。

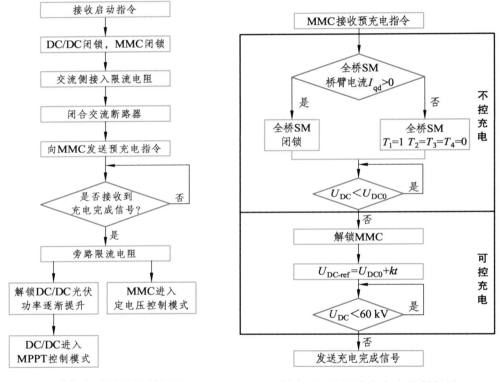

（a）系统启动协调控制框图　　　　（b）MMC 两阶段充电控制框图

图 4-2　系统启动协调控制流程

4.1.2　MMC 两阶段预充电

MMC 不控充电特性分析：启动初期因 IGBT 缺乏必需的能量而无法触发，处于闭锁状态。在该闭锁状态下，子模块的等效电路与其电流方向密切相关，当电流为正时，子模块处于充电模式，对外等效为电容 C；当电流为负时，子模块处于旁路模式，对外等效为短路。

如图 4-3 所示为系统预充电结构控制框图。在不控充电阶段，DC/DC 及 MMC 子模块的开关信号闭锁，交流系统通过线电压充电的方式经 SM 的反并联二极管对子模块电容进行充电，同时经直流线路为 DC/DC 模块输出侧电容充电。

不控充电阶段拓扑结构如图 4-4 所示。图中，u_i（i = a，b，c）表示交流侧相电压，以 u_a 超过 u_c 为例进行说明。在一个工频周期中，依照 AB、AC、BC、BA、CA、CB、AB 进行分析。当相电压 u_a 大于 u_c，电流流向如图 4-4 中箭头所示，A 相上桥臂及 C 相下桥臂所有 SM 的 D_2 导通，为电流提供通路，电容不充电；A 相下桥臂及 C 相上桥臂所有 SM 的 D_1 导通，为电容进行充电；同时，B 相下桥臂及 B 相上桥臂所有 SM 的 D_1 导通，为电容进行充电；线电压 u_{AC} 通过 A 相上桥臂及 C 相下桥臂通路为直流侧电容进行充电。为避免不控充电阶段电流过大，对功率器件造成损坏，需要在交流线路中接入限流电阻来抑制电流及电压过冲。在不控充电阶段，直流母线电压最高可达到交流线电压峰值，其仿真结果如图 4-5 所示。

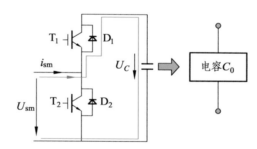

（a）充电模式（子模块电流为正，$i_{sm} > 0$）

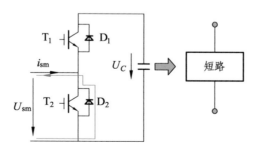

（b）旁路模式（子模块电流为负，$i_{sm} < 0$）

图 4-3　半桥子模块闭锁模式下的等效电路

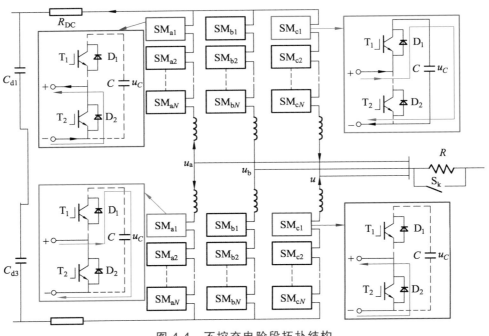

图 4-4 不控充电阶段拓扑结构

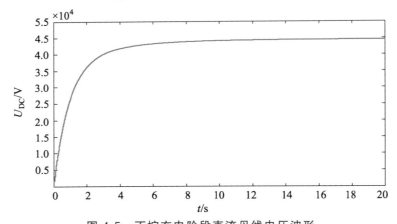

图 4-5 不控充电阶段直流母线电压波形

充电过程结束后，桥臂上的内电势等于交流线电势的幅值。设充电结束时子模块电容电压为 U_{CD}，有如下关系：

$$NU_{CD} = \sqrt{3}U_{sm}$$
$$U_{CD} = \frac{\sqrt{3}U_{sm}}{N}$$

（4-1）

式中，U_{sm} 为交流系统等效相电势幅值。

不考虑冗余，子模块电容电压额定值 U_{CN} 由下式确定：

$$U_{CN} = \frac{U_{DC}}{N} \tag{4-2}$$

定义子模块电容电压不控充电率为 η_D：

$$\eta_D = \frac{U_{CD}}{U_{CN}} \tag{4-3}$$

变压器阀侧空载线电压的额定值与连接变压器的漏抗和桥臂电抗的取值相关，一般情况下大致可以取 $U_{DC}/2$ 的 $1.00 \sim 1.05$ 倍，即交流系统等效线电势有效值为 $U_{DC}/2$ 的 $1.00 \sim 1.05$ 倍，因而交流系统等效相电势幅值 U_{sm}，可用下式表达：

$$U_{sm} = \frac{\sqrt{2}}{\sqrt{3}}(1.00 \sim 1.05)\frac{U_{DC}}{2} \tag{4-4}$$

因此可以对 η_D 做如下估算：

$$\eta_D = \frac{U_{CD}}{U_{CN}} = \frac{\sqrt{3}U_{sm}}{U_{DC}} = \frac{\sqrt{2}(1.00 \sim 1.05)\frac{U_{DC}}{2}}{U_{DC}} = 0.71 \sim 0.74 \tag{4-5}$$

即不控充电阶段的充电率可达 $71\% \sim 74\%$。直流侧电容在不控充电结束时，电压为交流系统等效线电势，可达 $71\% \sim 74\%$。

从图 4-3（b）处于旁路状态的 MMC 简化等效电路可以看出：在充电的初始时刻，子模块电容电压为零或很低，交流系统合闸后 6 个 MMC 桥臂近似于短路，就会导致很大的充电电流，危及交流系统和换流器的安全。解决的方法为启动时必须在充电回路中串接限流电阻 R_{lim}，如图 4-1 所示。限流电阻的参数可以根据工程经验选择，设 MMC 6 个桥臂为短路，这样连接变压器网侧的各相交流电流幅值为：

$$I_{st} = \frac{U_{sm}}{R_{lim}} \tag{4-5}$$

式中，U_{sm} 为交流等效相电势幅值，R_{lim} 为接在连接变压器网侧的限流电阻，I_{st} 为充电时连接变压器网侧的相电流幅值。

根据工程实际选择 I_{st}，一般工程要求 I_{st} 小于 10 A。对于接入额定电压为 35 kV 交流系统的 MMC，连接变压器网侧接限流电阻时，限流电阻 R_{lim} 表达式为：

$$R_{lim} \geq \frac{U_{sm}}{I_{st}} = \frac{\sqrt{2} \times 35/\sqrt{3}}{10} = 2.855 \text{ k}\Omega \tag{4-6}$$

实际电阻取 3 000 Ω，与第 3 章根据功率所选取的电阻值一致。

不控充电阶段子模块电容只能充电到 70%额定电压，实际工程中，子模块电容达到 30% 额定电压时即可对子模块触发控制。在子模块进入可控充电后，继续提升子模块电容电压到额定电压的有效方法是 MMC 内外环控制器投入运行,同时阀控层级的子模块电容电压平衡控制投入运行，使 MMC 各模块间电容能量能够保持相对均匀的稳步上升。

4.1.3 DC/DC 控制光伏功率提升

直流母线电压上升到额定电压后，解锁 DC/DC，光伏接入系统。为了减小光伏接入对系统造成的冲击，需逐渐增加光伏侧输出功率。功率提升阶段，仿真波形如图 4-6 所示。可以看出，1 s 时直流母线电压已稳定在 60 kV，此时解锁 DC/DC，光伏侧向交流输入的功率（电流）按设定斜率逐渐上升，直流母线电压有小幅度上升。3.25 s 功率上升到最大功率值，转为最大功率跟踪模式。

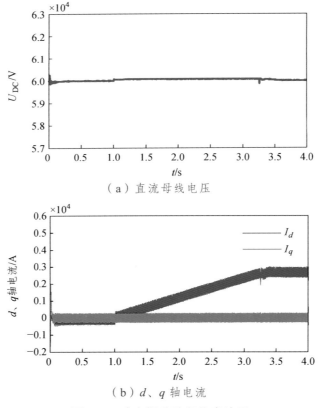

（a）直流母线电压

（b）d、q 轴电流

图 4-6　功率提升阶段仿真波形

4.2　系统停机

　　系统的正常停机，分为降功率阶段、能量反馈阶段及放电阶段。降功率阶段，光伏侧输出功率逐渐降低，直到输出功率小于设定值。能量反馈阶段，将 MMC 子模块电容及 DC/DC 输出侧电容内部存储的部分能量反馈给电网。放电阶段，通过在直流侧接入放电电阻，将模块电容内部剩余的能量以发热的形式耗散掉。能量反馈阶段一方面使电容中的部分能量流入电网，减少了能源浪费；另一方面，降低了直流电压的数值，从而降低了放电电阻的造价。

4.2.1　系统停机协调控制

　　如图 4-7 所示为系统停机协调控制流程，其中，P_{PV} 表示光伏侧输出功率；P_{PVO} 表示停机过程中允许光伏退出时的输出功率；U_{DC} 表示直流母线电压；U_{DCm} 表示能量反馈阶段电压最小值；U_{DC_ref} 表示直流母线电压参考值；U_C 表示电容电压；U_{C_set} 表示放电阶段电容电压设定值。根据图 4-7（a），系统接收到停机指令后，DC/DC 控制光伏功率下降，检测到 DC/DC 闭锁后，MMC 进入能量反馈阶段；能量反馈阶段结束时，闭锁 MMC，断开交流断路器，进入放电阶段；检测到放电完成时，停机即完成。根据图 4-7（b），检测到光伏功率下降到一定程度后，DC/DC 闭锁，光伏退出，发送 DC/DC 已闭锁信号。MMC 收到能量反馈指令，直流母线电压参考值按一定斜率下降，当其不大于 U_{DCm} 时，发送能量反馈结束信号。

　　MMC 接收到放电指令时，三相 6 桥臂同时进行放电，每个桥臂 SM 分成 n 组依次进行放电，当放电组的电容平均电压低于 U_{C_set} 时，每个桥臂的下一组同时进行放电，最后一组为所有子模块同时进行放电，至电容电压为 0 时，发送放电结束信号。

4.2.2　系统三阶段停机

　　接收到停机命令后，进入降功率阶段，光伏侧由最大功率跟踪模式转化为降功率模式。该模式下采用定功率设置，功率参考值由 MPPT 跟踪的最大功率逐渐降低；当降低到设定功率后，光伏电站退出运行，进入能量反馈阶段。此时，MMC 换流站采用带斜率控制的定电压控制策略，直流母线电压按设定斜率逐渐下降。能量反馈过程结束时，直流侧流向交流侧的有功功率应为 0，无功功率也为 0。

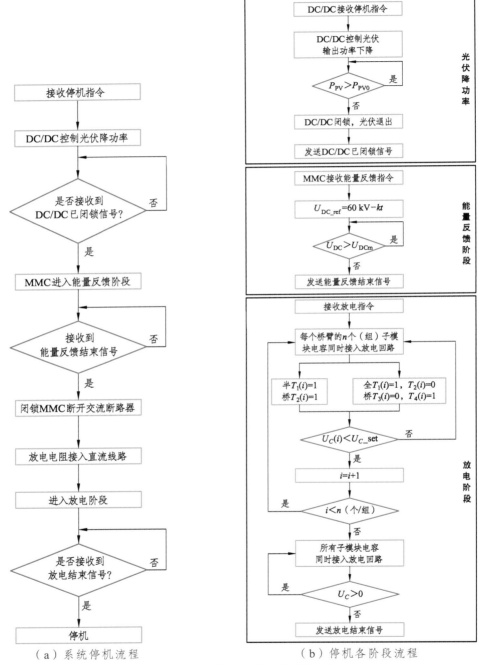

（a）系统停机流程　　　　　　　（b）停机各阶段流程

图 4-7　系统停机协调控制流程

$$\begin{cases} P = \dfrac{U_1 U_2 \sin\theta}{X} \\[2mm] Q = \dfrac{U_1(U_1 - U_2 \cos\theta)}{X} \\[2mm] U_2 = \dfrac{m U_{DC}\sqrt{3}}{2\sqrt{2}} \end{cases} \tag{4-7}$$

式中，U_1 表示电网线电压有效值；U_2 表示 MMC 输出电压有效值；m 表示占空比，最大为 1。当有功功率为 0 时，θ 应为 0，要使无功功率也为 0，需要 U_1 与 U_2 相等。m 取 1 时，可得 U_{DC} 的最小值如下：

$$U_{DC} = \frac{2\sqrt{2}U_1}{\sqrt{3}} \tag{4-8}$$

　　能量反馈阶段保留一定的裕度，待直流母线电压从 60 kV 逐渐降低到 54 kV。能量反馈阶段结束后，断开交流侧断路器，同时直流线路上接入放电电阻，进入放电阶段。在放电阶段，同时对 6 个桥臂中的第一个子模块电容进行放电，低于一定电压后对第二个子模块电容进行放电，依此类推进行放电，当轮到最后一组进行放电时，同时对所有子模块电容进行放电，闭锁 MMC，系统停机完成。对停机过程进行仿真验证，为展示放电过程，假设仅有 4 个子模块，初始光伏系统运行于最大功率跟踪模式，1 s 进入降功率阶段，3 s 进入能量反馈阶段，5 s 进入放电阶段，9 s 放电完成。

　　系统停机过程仿真波形如图 4-8 所示。

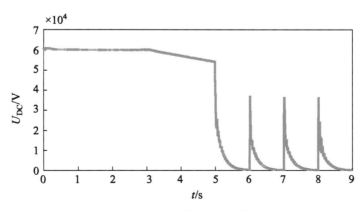

（a）直流母线电压波形

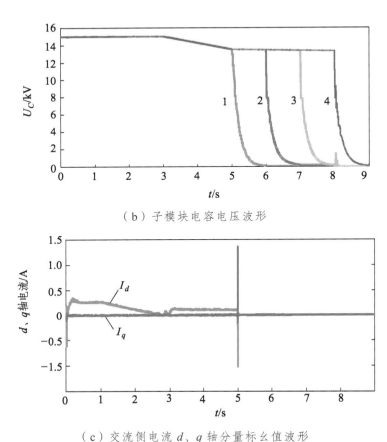

（b）子模块电容电压波形

（c）交流侧电流 d、q 轴分量标幺值波形

图 4-8　系统停机过程仿真波形

由图 4-8 可以看出，0.5 s 系统已经稳定，0.5～1 s 直流母线电压稳定在 60 kV，子模块电容电压稳定在 15 kV，交流侧电流 d 轴分量标幺值稳定在 0.3 A。1～3 s 为降功率阶段，直流母线电压及子模块电容电压基本保持不变，光伏侧向交流侧输出的功率（电流）逐渐减小。3～5 s 为能量反馈阶段，直流母线电压及子模块电容电压按照设定斜率下降，光伏侧继续向交流侧输出有功功率。

4.3　光伏电站的功率协调控制策略

DC/DC 模块进入 MPPT 控制模式后，需要根据电网的有功调度指令来决定是否进入限功率模式，如图 4-9 和图 4-10 所示。

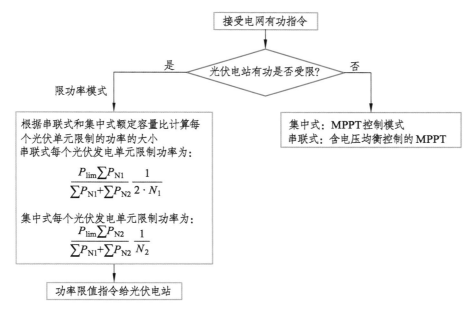

图 4-9　系统正常运行协调控制框图

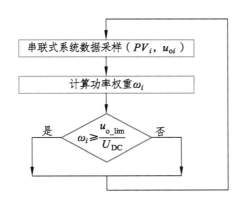

图 4-10　串联式 DC/DC 含电压均衡的 MPPT 控制算法框图

如图 4-10 所示为光伏电站的协调控制策略，其中，$P_{\lim}$ 为光伏电站需要限制的功率；PV_i 为每个光伏发电单元的输出功率；u_{oi} 为每个 DC/DC 模块的输出电压；ω_i 为每个光伏发电单元输出功率占总的输出功率的权重；P_{N1} 为每组串联式发电单元的额定容量；P_{N2} 为每组集中式发电单元的额定容量；N_1 为每组串联式发电单元中光伏阵列的个数；N_2 为光伏电站中集中式发电单元的组数；u_{o_lim} 为 DC/DC 模块的输出电压限值；U_{DC} 为直流母线侧电压；T_s 为采样周期。

电网调度指令确定光伏电站是处于限制功率运行模式还是自由运行模式，其中串联式和集中式发电单元根据额定容量比决定各自限制功率的大小。模块处于自由运行模式时，集中式采用 MPPT 控制模式，串联式采用含电压均衡控制的 MPPT 控制模式。

系统采集每个光伏发电单元的输出功率 PV_i、每个光伏发电单元 DC/DC 模块的输出电压 u_{oi}，然后计算每个发电单元输出功率占总输出功率的权重 ω_i，此时判断：如果 $\omega_i \geqslant u_{o\_lim}/U_{DC}$，则对应的模块处于限功率运行模式；反之，则维持 MPPT 控制。然后每隔 T_s 时间系统重新采样计算功率权重值，判断是否限功率。

4.4 直流系统的故障特性

MMC 结构的 DC/AC 和 BFBIC 结构的 DC/DC 均高度可控，其动态性能在很大程度上取决于控制保护系统。

保护系统的主要功能是保护光伏直流升压汇集系统中所有设备的安全正常运行，在故障或者异常工况下迅速切除系统中故障或不正常的运行设备，防止对系统造成损害或干扰系统其他部分的正常工作，保证直流系统安全运行。MMC 和 DC/DC 运行在高电压、大电流、强干扰环境下，由于交直流系统故障等原因，功率器件或其他重要部件随时可能因遭受过电压或过电流的冲击而损坏，迫使系统退出运行。当 MMC 所连接的 35 kV 交流系统发生故障时，希望 MMC 能够提供快速的支持，而不希望整个系统退出运行。在交流系统发生各类故障时，不仅要确保其装置自身不受损害，必要时还要为故障的交流系统提供及时的支援。因此，对交直流系统故障时的保护策略研究尤为重要。在设计柔性直流变换的控制系统时，可以通过合理利用控制策略来实现一部分保护功能，提高系统在故障情况下的不间断运行能力。直流保护动作的执行与直流控制系统有着密切的关联，在很多异常故障情况下首先启动控制功能，以限制和消除故障，保护设备和保证系统安全稳定运行。

本项目设计了 1 MW 集中型 DC/DC、500 kW 串联型 DC/DC、5 MW MMC 结构的换流器，是项目的技术核心。设计时采取了严格的多级保护措施，以确保无论是在系统正常运行还是在发生故障的情况下，都能免遭过电压或过电流等的损害，并且在系统发生故障时尽可能地不退出运行而仍发挥它的一些功能。保护装置充分考虑可靠性、灵敏性、选择性、快速性、可控性、安全性和可修性的原则。保护装置主要由核心处理器、测量装置、数据传送装置、通信装置和电源系统构成，经各类试验后投入运行。

4.4.1　故障区域的划分

如图 4-11 所示为光伏直流升压汇集系统保护区划分图。为了更好地定位和区分故障位置，按照不同的故障区域，对故障发生后系统各处保护安装点所感受到的故障特性进行分析。首先按照不同的直流线路，可划分为光伏支路线路、汇集母线和直流送出线 3 个故障区域。

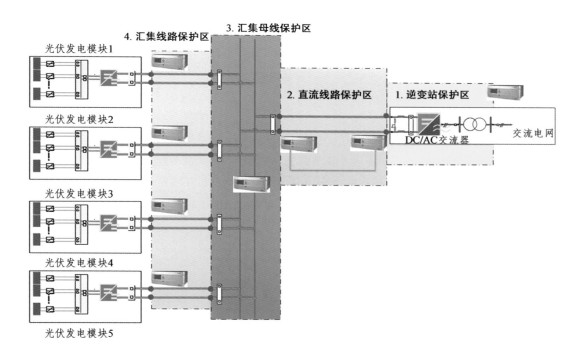

图 4-11　光伏直流升压汇集系统保护区划分图

如图 4-12 所示，从光伏 DC/DC 变流器到汇集母线出口处的线路构成了汇集线路保护区，其保护安装点位于汇集母线出口处。从母线送出线路出口保护安装点到 MMC 直流侧出口构成了送出线路保护区。汇集母线出口处的各个保护安装点包围的区域为汇集母线保护区。

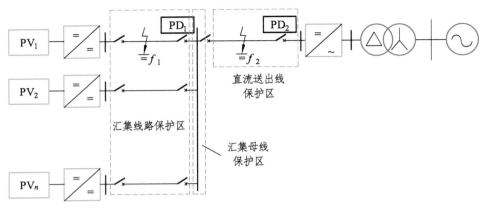

图 4-12 光伏直流升压汇集接入系统各保护区域结构

4.4.2 直流系统故障回路研究

当直流系统发生双极接地故障时，有两个方向向故障点供电，分别为 DC/AC 换流器方向和 DC/DC 变流器方向。对于 DC/DC 故障回路来说，DC/DC 侧电容经过部分线路电感放电，此过程构成二阶回路；当电容放电完毕后，线路电感中仍储存部分能量。由于 DC/DC 副边是二极管串联结构，因此电感续流流经 DC/DC 副边，此过程构成一阶回路。

如图 4-13 所示，蓝色虚线为光伏提供的短路电流，故障发生后，光伏电源输出最大短路电流，经过 DC/DC 低压侧和高频变压器流入高压侧，经过线路阻抗形成故障回路，同时电容向故障点快速放电。当电容放电结束，电容两端电压降低至小于二极管截止电压后，电抗器产生的感应电动势使二极管正向导通，故障进入二极管续流阶段。故障通路如图 4-14 所示。

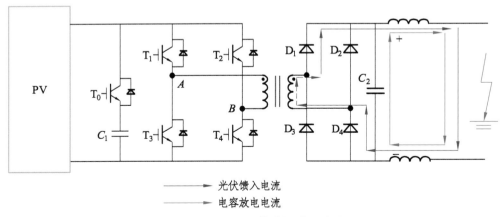

图 4-13 DC/DC 故障通路示意图

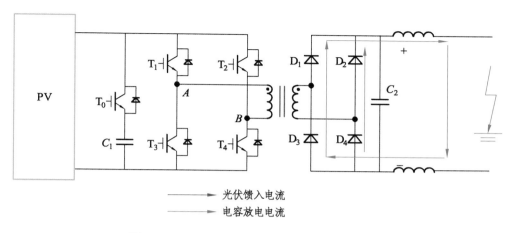

　　　　　　　　⟶　光伏馈入电流

　　　　　　　　⟶　电容放电电流

图 4-14　DC/DC 二极管续流故障通路示意图

　　直流系统发生双极短路故障后，对于 MMC 方向的故障回路来说，同时发生电容放电和交流馈入，在故障初期，故障电流主要来源为电容放电电流，桥臂电流大幅升高，直流极间电压很快降为零。当电容放电结束后，交流侧通过桥臂向直流故障点馈入短路电流，维持续流，其故障通路如图 4-15 所示。

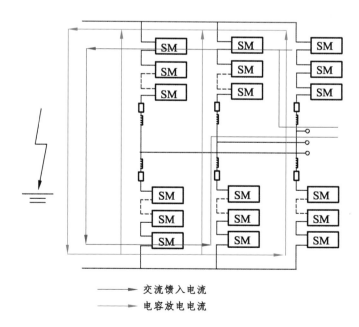

　　　　　　　　⟶　交流馈入电流

　　　　　　　　⟶　电容放电电流

图 4-15　MMC 侧故障通路示意图

4.4.3 汇集线路保护区故障时保护安装点故障特性分析

如图 4-16 所示，当故障发生在汇集支路，故障支路保护安装点 PD₁ 感受到的故障电流包含 DC/DC 侧的故障电流和 MMC 侧的故障电流。送出线上保护安装点 PD₂、PD₃ 感受到的故障电流均来自 MMC 换流器。非故障支路的保护安装点 PD₄ 感受到的故障电流来自 DC/DC 变流器。

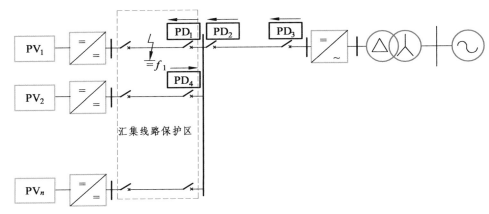

图 4-16　汇集线路保护区

汇集线路保护区故障通路如图 4-17 所示。

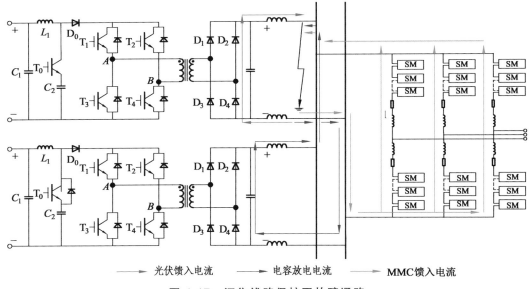

图 4-17　汇集线路保护区故障通路

故障支路保护安装点 PD_1 感受到的故障电流如图 4-18 所示。

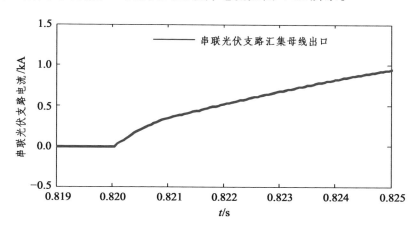

图 4-18　汇集线路保护区 PD_1 保护安装点故障电流

所有故障通路均流过保护安装点 PD_1，在故障初期电流上升阶段，MMC 子模块电容和 DC/DC 变流器高压侧出口电容均向故障点放电。因此，故障电流主要表现为电容放电电流，故障电流从母线流入线路，与负荷电流方向相反，故障发生后，电流正向减少后迅速增加，在故障发生 5 ms 后故障电流上升至 0.9 kA 左右。

非故障支路保护安装点 PD_4 感受到的故障电流与负荷电流同向，在故障发生后 1 ms 内达到故障电流峰值，约为 0.2 kA，如图 4-19 所示。

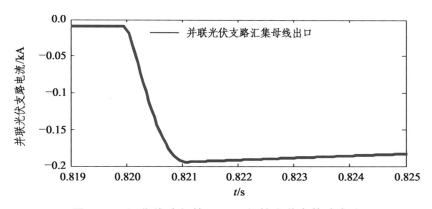

图 4-19　汇集线路保护区 PD_4 保护安装点故障电流

送出线 DC/AC 侧保护安装点 PD_3 和汇集母线侧保护安装点 PD_2 的故障电流如图 4-20 所示。对于送出线保护安装点来说，汇集支路故障属区外故障，故障电流为穿越型电流，保护安装点 PD_2 和 PD_3 感受到的故障电流均来自 DC/AC 侧换流装置。故障电流与负荷电流方向相反，受到 MMC 换流装置控制器影响，子模块电容向外快速放电。因此，在故障后负荷电流迅速减小，故障电流立即反向增大。

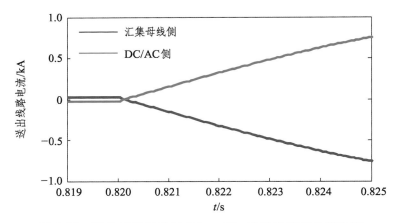

图 4-20　汇集线路保护区 PD_2、PD_3 保护安装点故障电流

4.4.4　汇集母线保护区故障时保护安装点故障特性分析

如图 4-21 所示，当故障发生在汇集母线上时，故障支路保护安装点 PD_1 和 PD_4 感受到的故障电流只包含 DC/DC 侧的故障电流。送出线上保护安装点 PD_2、PD_3 感受到的故障电流均来自 MMC 换流器，表现为穿越型电流。其故障通路如图 4-22 所示。

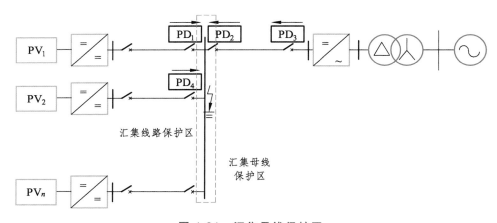

图 4-21　汇集母线保护区

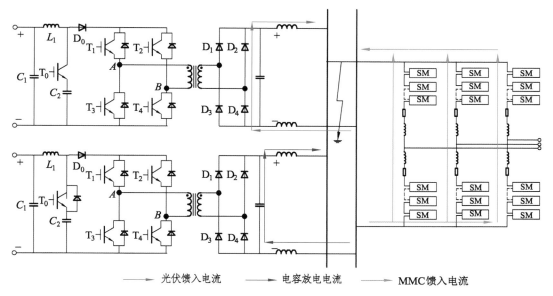

图 4-22　汇集母线保护区故障通路

故障支路保护安装点 PD_1 感受到的故障电流如图 4-23 所示。

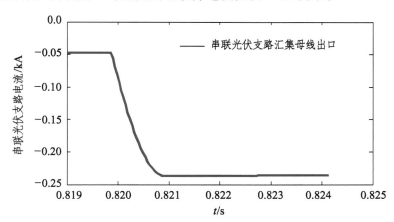

图 4-23　汇集母线保护区 PD_1 保护安装点故障电流

　　当汇集母线发生故障后，所有故障支路电流都流向汇集母线故障点，故障电流方向与负荷电流方向一致。保护安装点 PD_1 感受到的故障电流只含有本支路 DC/DC 变流器提供的故障电流。在故障初期电流上升阶段，DC/DC 变流器高压侧出口电容向故障点放电，因此故障电流主要表现为电容放电电流，故障电流从线路流入母线。故障

发生后，电流正向减少后迅速增加，在故障发生 1 ms 左右故障电流上升至 0.23 kA
左右。

与汇集线路故障情况类似，并联支路保护安装点 PD₄ 感受到的故障电流与负荷电
流同向，在故障发生后 1 ms 内达到故障电流峰值，约为 0.2 kA，如图 4-24 所示。

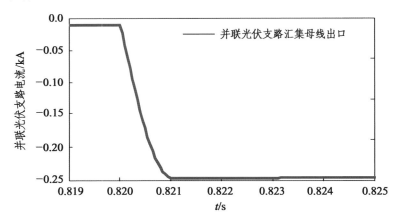

图 4-24　汇集母线保护区 PD₄ 保护安装点故障电流

对于送出线保护安装点来说，汇集母线故障为区外故障，故障电流属于穿越型电
流，保护安装点 PD₂ 和 PD₃ 感受到的故障电流均来自 DC/AC 侧换流装置。故障电流
与负荷电流方向相反，受到 MMC 换流装置控制器影响，子模块电容向外快速放电，
所以故障后负荷电流迅速减小，故障电流立即反向增大。送出线 DC/AC 侧保护安装
点和汇集母线侧保护安装点故障电流如图 4-25 所示。

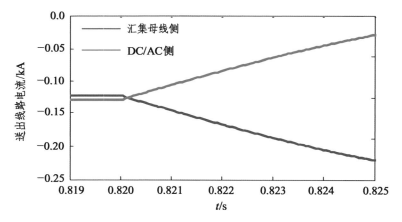

图 4-25　汇集母线保护区 PD₂、PD₃ 保护安装点故障电流

4.4.5　送出线保护区故障时保护安装点故障特性分析

如图 4-26 所示，当故障发生在送出线路上时，故障支路保护安装点 PD_1 和 PD_4 感受到的故障电流只包含 DC/DC 侧的故障电流。送出线上保护安装点 PD_2 感受到的故障电流来自所有的 DC/DC 支路，而 PD_3 感受到的故障电流均来自 MMC 换流器。根据基尔霍夫电流定律，两侧保护安装点流入流出的电流将不再相等，其故障通路如图 4-27 所示。

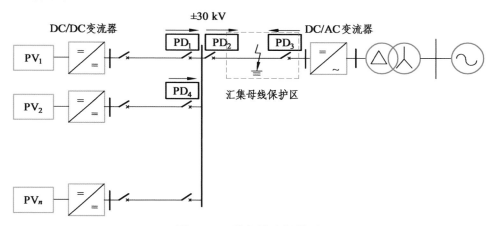

图 4-26　送出线路保护区

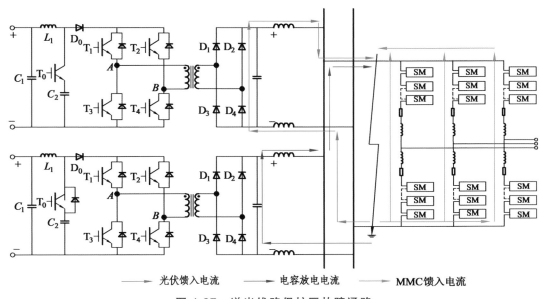

图 4-27　送出线路保护区故障通路

当直流送出线路发生故障后，所有故障支路电流都通过汇集母线流向故障点，光伏汇集支路感受到的故障电流方向与负荷电流方向一致。保护安装点 PD_1 和 PD_4 感受到的故障电流只含有本支路 DC/DC 变流器提供的故障电流。在故障初期电流上升阶段，DC/DC 变流器高压侧出口电容向故障点放电，因此故障电流主要表现为电容放电电流，故障电流从线路流入母线。故障发生后，电流正向减少后迅速增加，在故障发生 1 ms 后故障电流上升至 0.22 kA 左右。PD_1 点故障电流如图 4-28 所示。

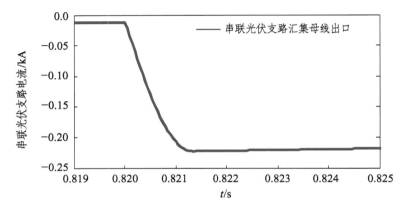

图 4-28　送出线路保护区 PD_1 保护安装点故障电流

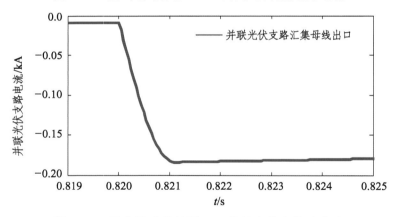

图 4-29　送出线路保护区 PD_4 保护安装点故障电流

与上述情况类似，并联支路保护安装点 PD_4 感受到的故障电流与负荷电流同向，在故障发生后 1 ms 内达到故障电流峰值，约为 0.2 kA，如图 4-29 所示。

对于送出线保护安装点来说，故障发生在保护区内，保护安装点 PD_2 感受到的故障电流来自 DC/DC 换流器方向，故障电流方向与负荷电流一致，故障发生后 DC/DC

高压侧出口电容迅速放电。保护安装点 PD_3 感受到的故障电流来自 DC/AC 侧换流装置，故障电流与负荷电流方向相反，受到 MMC 换流装置控制器影响，子模块电容向外快速放电，所以故障后负荷电流迅速减小，故障电流立即反向增大。由于两侧保护安装点电流均从母线流向线路，因此两侧电流差将不再为 0，并且各自的电流特性受不同装置的影响，故障电流上升趋势也不再相同。送出线 DC/AC 侧保护安装点和汇集母线侧保护安装点故障电流如图 4-30 所示。

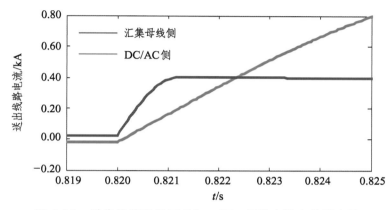

图 4-30　送出线路保护区 PD_2、PD_3 保护安装点故障电流

4.4.6　单极接地故障故障特性分析

系统中性点通常采用直流侧经高阻接地，故障发生时将没有故障通路，只发生中性点电位偏移。如图 4-31 和 图 4-32 所示分别为系统发生直流系统单极接地故障时的直流电压和直流电流波形。

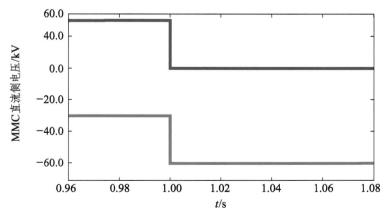

图 4-31　单极接地故障时直流电压波形

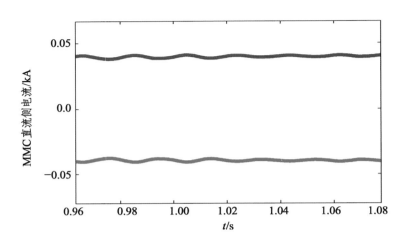

图 4-32   单极接地故障时直流电流波形

光伏直流升压汇集接入系统直流侧单极接地故障发生时,其直流侧特征可概括为:故障极对地电压迅速下降为 0,非故障极对地电压升高为额定电压的 2 倍,电流波形没有明显变化。

从 MMC 的电路模型可以看出,交流电压、直流电压共用同一个中性点。因此,当直流系统中发生单极接地故障时,交流电压会叠加一个直流分量,而交流电流没有明显波动,如图 4-33、图 4-34 所示。

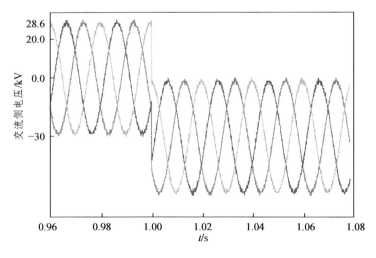

图 4-33   单极接地故障时交流电压波形

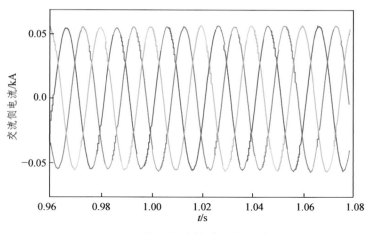

图 4-34　单极接地故障时电流波形

　　光伏直流升压汇集接入系统直流侧单极接地故障发生时,其交流侧特征可概括为:交流相间电压幅值、相位不变；每相相电压叠加一个 " − 30 kV" 的直流电压分量。

4.5　直流保护方案研究

　　目前,直流保护的配置和定值整定尚无规程可查。根据直流线路对保护"四性"的需求,针对不同类型的故障,通过分析得出故障特性,然后再配置相应的保护。根据故障点不同,将直流保护分为 3 个保护区,分别为光伏支路保护区、汇集母线保护区和送出线路保护区。下面将对直流保护原理和不同保护区内配置的保护方案分别进行介绍。

4.5.1　直流保护原理

　　由于直流中没有基频和相量的概念,因此交流系统中基于相量或低频谐波分析的保护算法难以直接应用于直流系统。此外,换流器中 IGBT 和反向并联的续流二极管耐受过压和过流的能力较弱,为保护设备安全,需要 5 ms 内保护快速动作,速动性限制了从电压或电流波形中提取基频或低频故障特征,与交流保护相比,直流保护通常利用电压或电流瞬时值构成保护判据。

　　(1)方向过流保护。在两侧都含有电源的系统中,方向电流保护通过加装方向元件,达到正方向短路时可靠动作、反方向短路时闭锁保护的效果,确保了保护动作的正确性和选择性。

　　(2)低压过流保护。低压过流保护具有反应直流系统双极短路时电压下降、电流增大的双重特性。在多端直流系统中，过流保护难以保证保护动作的选择性，为此，通过增加电压闭锁判据，在一定程度上改善保护动作的选择性。

（3）方向纵联保护。首先两侧保护装置将本侧的电流大小和电流方向的判别结果转化为逻辑信号，然后通过可靠的通信连接将逻辑信号传送至对侧，其后每侧保护装置再根据两侧的信号进行综合判别，实现快速区分内、外部短路。该保护不要求线路两侧的电流同步测量，且所需要传输的信息量较少。

（4）电流差动保护。直流系统电流差动保护的原理与交流系统相同。电流差动保护能够满足直流系统中为保护设备安全要求保护快速动作的需要。仿真结果显示，在不考虑通信延时的情况下，电流差动保护能够在 40 μs 内检测出直流故障，而检测交流故障的时间在 20 ms 以上。故障检测时间差别较大的原因在于：在交流系统中电流差动保护需要利用全波傅氏等算法得到电流相量，而在直流系统中只需比较电流的幅值大小。电流差动保护能够明确区分内部短路与其他工况，不具备单端电气量的远后备功能。此外，该保护需要两侧电流同步测量，当线路两侧不满足同步测量条件时，电流差动保护将退出使用。

直流系统保护的研究目前尚处于探索和研发阶段。柔性直流系统由诸多换流器构成，电力电子元件过载能力小，IGBT 能够承受 2 倍额定电流。二极管能够承受 7 倍额定电流。柔性直流系统必须采取措施限制故障电流，并要求保护快速动作。通过采取故障阀级闭锁控制、加装限流装置或在控制器中设置限流环节等措施，限制故障电流增长速率和大小，因此，提出故障电流受限后直流系统的保护是目前面临的关键问题。

4.5.2 不同保护区配置的直流保护方案

一般来说，通过分析后得出故障特性，才能配置相应的保护。我们将直流保护分为光伏支路保护区、汇集母线保护区和送出线路保护区。下面对不同保护区内配置的保护方案分别进行介绍。

1．光伏支路保护区

光伏支路保护区如图 4-35 所示。当系统中光伏支路发生故障时，故障支路中的电流会增大，但如果只采用过流保护的话，线路上发生故障时，测量点处的电流也会增大，造成保护误动。在过流保护中加装方向元件（母线指向线路作为保护的正方向），当光伏支路发生故障时，汇集母线处的测点会测得正方向的过电流，保护动作；当汇集母线或者直流线路发生故障时，测量点处测得的电流虽然增大，但方向由线路指向母线，方向元件不满足动作条件，保护不动作，确保了保护动作的正确性和选择性。动作判据为：

$$\max(I_{dp}, I_{dn}) > I_{set\text{-}B} \tag{4-9}$$

式中，I_{dp} 为光伏支路正极电流；I_{dn} 为光伏支路负极电流；$I_{set\text{-}B}$ 为方向过流保护动作的门槛值。在各个直流母线支路均装设光伏支路方向过流保护，保护动作的门槛值：

$$I_{set\text{-}B} = K_{rel} I_N \tag{4-10}$$

式中，I_N 为各个直流母线支路的额定电流；K_{rel} 为可靠性系数。

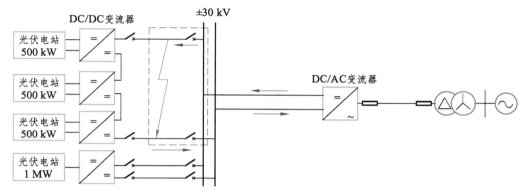

图 4-35　光伏支路保护区

2．汇集母线保护区

汇集母线保护区如图 4-36 所示。当汇集母线发生故障后，所有与故障相连的支路电流都流向汇集母线故障点。母线保护一般采用差动保护的原理，在直流系统中，采用流入和流出汇集母线总的电流瞬时值差动。当直流系统发生故障时，母线处的直流电压会降低，据此可配置反应直流电压降低的低电压保护。此外，当系统发生控制异常、雷击或单极接地故障时，会造成汇集母线处过电压，需在汇集母线保护区内配置直流过电压保护。

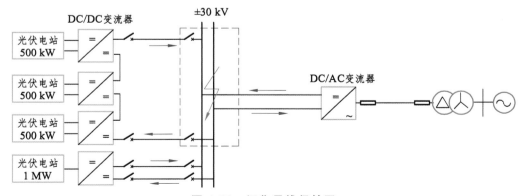

图 4-36　汇集母线保护区

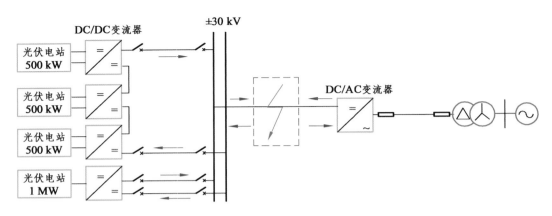

图 4-37　送出线路保护区

1）汇集母线差动保护

系统正常运行时,所有流入汇集母线的电流之和与流出汇集母线的电流之和相等。当汇集母线发生故障时, 两侧的电流都将流向汇集母线, 使得流入和流出汇集母线的电流不再相等, 利用上述特点可构成汇集母线差动保护。动作判据为:

$$\begin{cases} \left| I_{dp1} + I_{dp2} + \cdots + I_{dp11} \right| > \max(I_{DCb\text{-}set}, k_{set} I_{res}) \\ I_{res} = \max(I_{dp1}, I_{dp2}, \cdots, I_{dp11}) \end{cases} \tag{4-11}$$

式中, I_{dp1}, I_{dp2}, $\cdots$, I_{dp11} 表示所有与汇集线路相连支路的电流; $I_{DCb\text{-}set}$ 表示保护动作的门槛值; K_{set} 表示制动系数; I_{res} 表示制动电流。

2）低电压保护

当直流系统发生单极接地故障时, 由于接地电阻的箝位作用, 只改变电位参考点, 因此直流极间电压不会发生变化, 只是故障极电压降为 0, 此时对应的汇集母线处电压也降低; 当直流系统发生双极短路故障时, 汇集母线间的电压也会降低。根据故障电压降低的特征, 可以在汇集母线处配置低电压保护, 作为直流系统故障的后备保护。动作判据为:

$$\begin{cases} \left| U_{dp} \right| < U_{set}, \text{且} \left| U_{dn} \right| < U_{set}, \ \left| U_{dp} - U_{dn} \right| < U_{set} \\ U_{set} = K_{rel} U_{DCBase} \end{cases} \tag{4-12}$$

式中, U_{dp} 为直流线路正极电压; U_{dn} 为直流线路负极电压; U_{set} 为直流电压不平衡保护动作的门槛值; K_{rel} 为可靠系数; U_{DCBase} 为直流线路额定电压。

3）直流过电压保护

当系统发生控制异常、雷击、直流单极接地、直流极线开路等故障时，会造成系统单极或者极间电压升高，造成过电压。这种情况下，汇集母线测量点处的电压也会降低，可在汇集母线保护区内配置反应此类故障的直流过电压保护。动作判据为：

$$\begin{cases} \left|U_{dp} - U_{dn}\right| > U_{set\text{-}B}，且\left|U_{dp}\right| > U_{set\text{-}B}，\left|U_{dp}\right| > U_{set\text{-}B} \\ U_{set\text{-}B} = K_{rel}U_{DCBase} \end{cases} \quad （4\text{-}13）$$

式中，U_{dp} 为直流线路正极电压；U_{dn} 为直流线路负极电压；$U_{set\text{-}B}$ 为直流电压不平衡保护动作的门槛值；K_{rel} 为可靠系数；U_{DCBase} 为直流线路额定电压。

3. 送出线路保护区

在直流送出线路发生故障时，为了快速确定直流系统中的故障位置，同时考虑线路的通信延时较短，可以满足快速性，在线路上配置光纤电流差动保护。为了提高保护的可靠性，防止通信失败，需要给母线保护区以及整个直流系统提供保护，还需要在送出线路保护区配置方向过流保护。针对直流线路的断线故障，配置相应的断线保护。

1）线路光纤电流差动保护

电流差动保护具有严格的保护范围。电流差动保护的动作特性几乎不受故障电流的大小、故障电流的上升率、分布式电源的接入以及过渡电阻的影响，使得电流差动保护成为直流系统中继电保护最好的选择之一。电流差动保护的动作方程为：

$$\begin{cases} \left|I_m + I_n\right| > K\left|I_m - I_n\right| \\ \left|I_m + I_n\right| > I_{op} \end{cases} \quad （4\text{-}14）$$

式中，I_m 和 I_n 分别表示线路 m 侧和 n 侧的一次侧电流瞬时值；I_{op} 表示电流最小的动作门槛，也称启动值；K 表示制动系数，在线路差动保护中，一般取 0.5 ~ 0.8。

电流互感器的暂态特性影响差动保护的可靠性。当两端电流互感器暂态特性不一致时，在功率调整或交流侧故障期间，两侧直流电流测量值的差值增大，可能满足直流差动保护的动作判据并导致直流差动保护误动。为此，电流差动保护的动作门槛不宜过低，以躲过暂态不平衡电流。工程中，在较好地消除了各种不利影响因素之后，可以按照系统一次侧需要切除的最小短路电流来设置式中 I_{op}（最小的动作门槛，也称启动值）的整定值。

2）方向过流保护

电流差动保护虽然受外部条件变化的影响比较小，但其不具备单端电气量的远后备功能，而且还需要两侧电流同步测量，并依赖线路两端通信传输故障后的信息，如果通信出现问题，保护将不能正确动作。为了提高保护的可靠性，在直流送出线上同时配置反应直流馈线电流增大的方向过流保护。动作判据为：

$$\max(I_{dp}, I_{dn}) > I_{set\text{-}S} \qquad (4\text{-}15)$$

式中，I_{dp} 表示直流正极线路电流；I_{dn} 表示直流负极线路电流；$I_{set\text{-}S}$ 表示电流动作门槛值。

4.5.3　光伏直流升压汇集工程保护动作策略

保护系统具有广泛的自我监视功能，对于不同的故障类型和严重程度，保护装置应该有不同的动作。常见的保护动作分为以下几种：

1. 告警和启动录波

使用灯光、音响等方式，提醒运行人员，注意相关设备的运行状况，采取相应的措施，自动启动故障录波和事件记录，以识别故障设备和设备故障原因。

2. 控制系统切换

利用冗余的控制系统，通过系统切换排除控制保护系统设备故障的影响。

3. 闭锁触发脉冲

闭锁换流器的触发脉冲，可分为暂时闭锁和永久闭锁。当某一相暂态电流超过限值时，暂时停止向相对应的子模块发送触发脉冲，当电流恢复到安全范围时，重新向子模块发送触发脉冲。永久闭锁意味着严重故障时向所有子模块发送关断控制脉冲，所有的子模块停止运行。如当直流电缆故障和阀冷却系统故障时，应永久闭锁触发脉冲。闭锁也是直流输电保护系统中最常采用的保护动作。

4. 极隔离

极隔离会断开换流器直流侧（包括正极和负极）与传输线的连接，可通过手动或保护装置自动动作实现。一般工程采用伪双极接线，不具备极隔离的故障处理或正常运行方式。

5．跳开交流侧断路器

保护系统的功能常由交流断路器辅助完成，它可以断开交流网络与连接变压器和换流器的连接，消去直流电压和直流电流，从而使阀在遭受严重电流应力的同时避免遭受不必要的电压应力。

4.6　光伏直流升压汇集接入系统交、直流保护协调配合

在电网故障时，若光伏电站突然脱网会进一步恶化电网运行状态，带来更加严重的后果：电网发生故障引起光伏电站跳闸，由于故障恢复后光伏电站重新并网需要时间，在此期间引起的功率缺额将导致相邻的光伏电站跳闸，从而引起大面积停电，影响电网的安全稳定运行。因此，亟须开展大型光伏电站故障穿越技术的研究，保障光伏电站接入后电网的安全稳定运行。

在交直流混合系统中，交、直流故障相互影响，具体表现为：

（1）交流侧故障后，若功率传输受阻，往往导致直流电压异常。

（2）交流故障暂态侵入直流系统，在序分量的作用下，直流电压中会产生谐波。

（3）直流单极短路后会导致交流电压产生直流分量。

（4）直流极间短路后 MMC 闭锁前，交流电气特征与三相短路时类似。

（5）极间短路后 MMC 闭锁，交流侧三相电流接近于 0，但电压为变压器二次侧开路电压，仅依靠闭锁 MMC 实现的直流故障隔离难以保证检修安全。

现有的交流保护隔离方案与直流保护隔离方案并未考虑对侧故障的影响，可能产生的问题包括：交流故障时直流保护误动；小电流接地交流系统中，单相接地短路后故障电流较小，可能导致交流保护拒动且 MMC 不闭锁，难以隔离故障。

为提高交直流混合系统保护的可靠性，实现交直流保护协调配合，本书在分析交、直流故障相互影响的基础上，提出了计及交流故障影响的直流电压保护，并由交流断路器与 MMC 闭锁配合完成直流故障隔离。此外，给出了考虑交流故障特征的直流保护方案建议，以及交流保护隔离配置方案。研究框架如图 4-38 所示。

其中，计及交流故障影响的直流电压保护方案具有以下特点：

（1）利用直流极间电压和不平衡电压特征区别直流短路与交流短路。

（2）避免交流短路后直流保护误动。

（3）通过设置整定值与延时，该保护可作为换流器交流出线单相接地短路的后备保护。

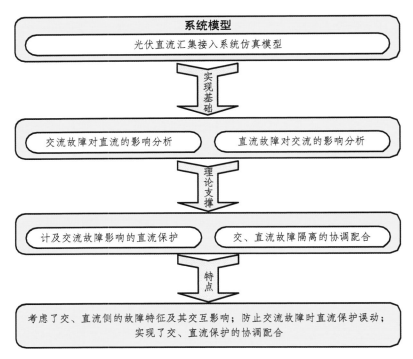

图 4-38 交、直流保护的协调配合框图

4.6.1 光伏直流升压汇集接入系统低电压穿越技术

1. 光伏发电并网系统故障穿越技术规范

在 2013 年 3 月发布的光伏发电并网逆变器技术规范中对低电压穿越方面提出的要求主要有：

（1）专门适用于大型光伏电站的电站型逆变器应具备一定的耐受异常电压的能力，即并入 35 kV 及以上电压等级电网的逆变器必须具备电网支撑能力，避免在电网电压异常时脱离，引起电网电压的波动；对于并入 10 kV 及以下电压等级电网的光伏逆变器，具备故障脱离功能即可。

（2）逆变器交流侧电压跌落至 0 持续 0.15 s，逆变器能够保证不间断并网运行，整个跌落时间持续 0.625 s 后逆变器交流侧电压开始恢复，并且电压在发生跌落后 2 s 内能够恢复至标称电压的 90% 时，逆变器能够保证不间断并网运行。

（3）对电力系统故障期间没有切除的逆变器，在故障清除后应快速恢复其有功功率。自故障清除时刻开始，以至少 10% P_N/s（额定功率每秒）的功率变化率恢复至故障前的值。

（4）低电压穿越过程中逆变器宜提供动态无功支撑。

当并网点电压在如图 4-39 所示的曲线及以上区域内时，逆变器必须保证不间断并网运行。

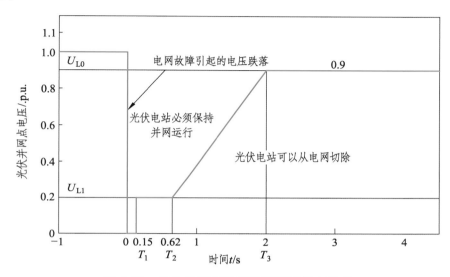

图 4-39　电站型逆变器低电压耐受能力要求

图中，U_{L0} 为正常运行的最低电压限值，一般取 0.9 倍额定电压；U_{L1} 为需要耐受的电压下限；T_1 为电压跌落到 0 时需要保持并网的时间；T_2 为电压跌落到 U_{L1} 时需要保持并网的时间；T_3 为电压跌落到 U_{L0} 时需要保持并网的时间。U_{L1}、T_1、T_2、T_3 数值的确定需考虑保护和重合闸动作时间等实际情况。

2．光伏直流汇集系统故障穿越的协调控制策略

实现故障穿越的判定标准为交流侧不过流和直流侧不过压，其中交流侧不过流主要通过 MMC 侧控制实现。考虑到项目的实际需要，直流侧不过压采用 DC/DC 部分限功率的方式实现。具体的控制流程如图 4-40 所示。

MMC 侧控制：MMC 采用双环结构的电流矢量控制策略和载波移相调制策略。系统实时监测交流侧电压，当检测到交流电压跌落后，计算电压跌落的时间，并根据光伏发电的并网技术规范计算系统的无功指令。若系统电压跌落的时间在并网技术规范规定的时间范围（625 ms）内，则向 MMC 发送无功指令，MMC 进入无功补偿模态，支撑电网电压的恢复，同时 MMC 进入限功率模式，保证交流侧不过流；若系统电压的跌落时间超过并网规范规定的时间，则说明故障可能是由变流器内部原因导致，需要将 MMC 进行停机处理，防止故障进一步蔓延。

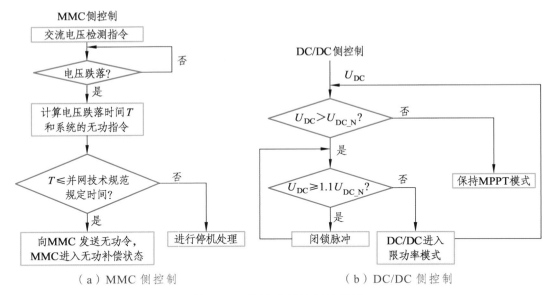

图 4-40　故障穿越控制流程图

DC/DC 侧控制：DC/DC 侧实时监测直流电压值，当检测到直流电压大于额定值时，DC/DC 进入限功率模式，否则仍保持 MPPT 模式；当直流电压达到额定值的 1.1 倍时，则封锁脉冲，等待直流电压的恢复。待直流电压有所减小时，便重新进入限功率模式，直至电压完全恢复。DC/DC 工作于限功率模式时，首先根据交流电压跌落的深度确定各个光伏单元的出力，然后根据光伏输出特性曲线找到最大功率点右侧在此出力下所对应的光伏输出电压值，根据 DC/DC 输入、输出之间的关系，计算出占空比，最后进行恒定占空比控制，使 DC/DC 工作于限功率模式，进而保证直流侧不过压。

3．仿真验证

将系统仿真进行简化，对 1.5 MW 的 3 个光伏阵列经由 DC/DC 升压后，再由 MMC 逆变并网的仿真模型进行故障穿越的仿真验证。

1）三相电压跌落 80%

逆变器传的功率如图 4-41 所示，0.8 s 时电压跌落至额定值的 20%，1.425 s 时恢复。从图中可以看出：在电压跌落期间，传输的有功功率减小，约为额定值的 20%，在此期间同时向电网提供一定的无功功率，以支持电网电压的恢复。

三相电压跌落 80%时直流母线电压波形如图 4-42 所示。从图中可以看出：在电压跌落期间，直流母线电压虽然小幅度上升，但仍可维持在 60 kV 附近，未出现过电压，从而避免了直流母线过电压保护动作而引起光伏并网逆变器脱网，进而避免了对电网的进一步损害。

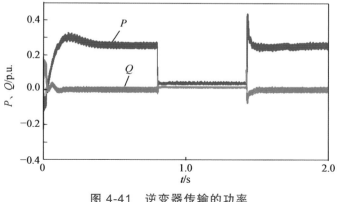

图 4-41　逆变器传输的功率

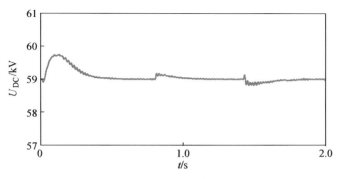

图 4-42　直流母线电压波形

　　如图 4-43 和图 4-44 所示分别为三相并网电压、电流的仿真波形。从图 4-44 可以看出：在电压跌落期间，并网侧电流未出现过电流的现象，过流保护不会动作，逆变器仍能连续不间断运行。

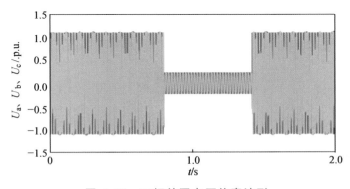

图 4-43　三相并网电压仿真波形

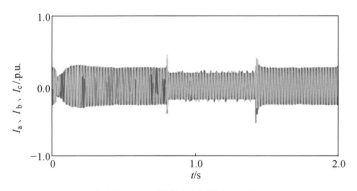

图 4-44　三相并网电流仿真波形

如图 4-45 所示为 3 个光伏的输出电压和电流波形。从图中可以看出，在电压跌落期间，光伏模块不再进行最大功率跟踪，出力减少，DC/DC 模块进入限功率运行状态。

2）两相电压跌落 80%

逆变器传输的功率如图 4-46 所示。从图中可以看出，由于未考虑不对称故障时正负序分量的影响，在电压跌落期间，功率会出现较大的振荡，将通过改进控制策略来减小故障穿越期间的功率振荡，进而减小对电网的危害。

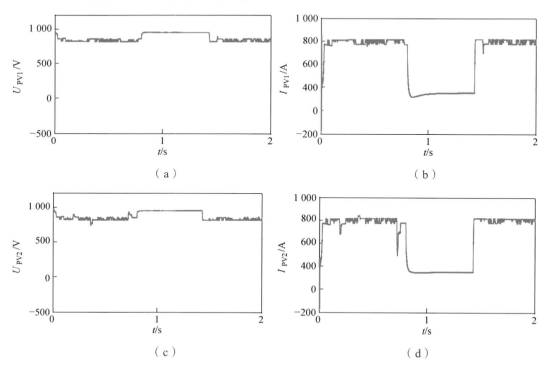

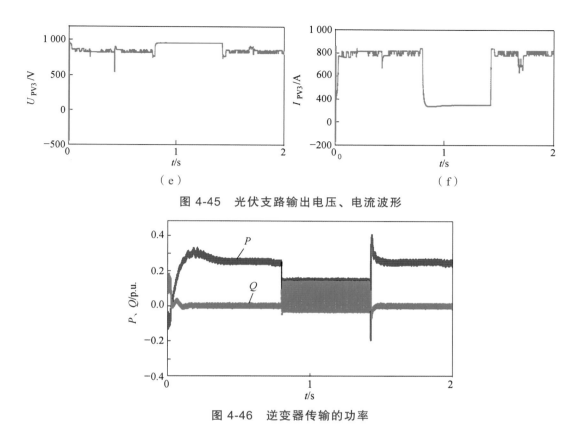

（e）　　　　　　　　　　　　　　（f）

图 4-45　光伏支路输出电压、电流波形

图 4-46　逆变器传输的功率

两相电压跌落 80% 时直流母线电压波形如图 4-47 所示。三相并网电压、电流波形分别如图 4-48、图 4-49 所示。从图中可以看出：在电压跌落期间，直流侧没有出现过电压，交流侧没有出现过电流，实现了低电压穿越。

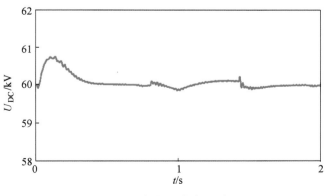

图 4-47　直流母线电压波形

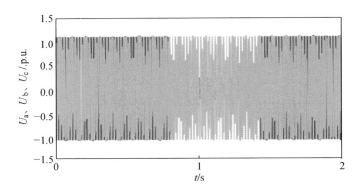

图 4-48　三相并网电压波形

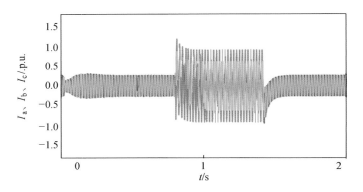

图 4-49　三相并网电流波形

如图 4-50 所示为 3 个光伏模块的输出电压和电流波形。

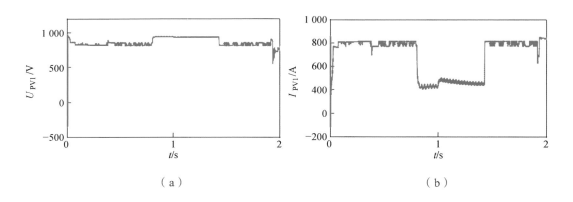

（a）　　　　　　　　　　　　　　　　　　（b）

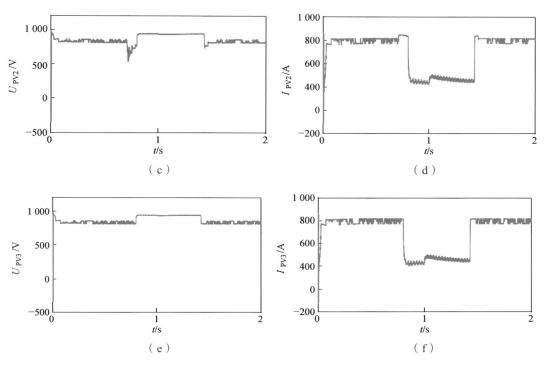

图 4-50　光伏支路输出电压、电流波形

3）单相电压跌落 80%

逆变器传输的功率如图 4-51 所示。在电压跌落期间，功率会出现较大的振荡，控制策略需改进，以消除功率振荡。

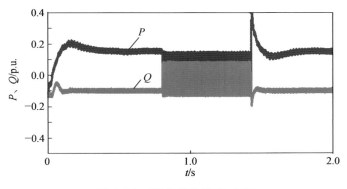

图 4-51　逆变器传输的功率

单相电压跌落 80%时直流母线电压波形如图 4-52 所示。三相并网电压、电流波形分别如图 4-53、图 4-54 所示。从图中可以看出，在电压跌落期间，直流侧没有出现过电压，交流侧没有出现过电流，实现了低电压穿越。

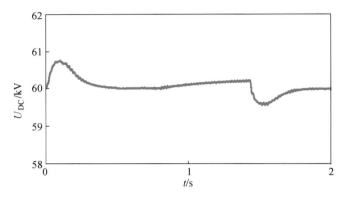

图 4-52　直流母线电压波形

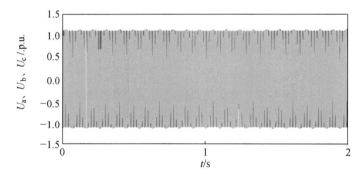

图 4-53　三相并网电压波形

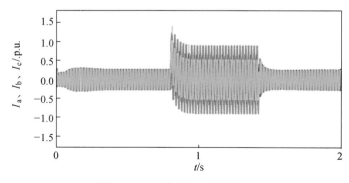

图 4-54　三相并网电流波形

如图 4-55 所示为 3 个光伏支路的输出电压和电流波形。

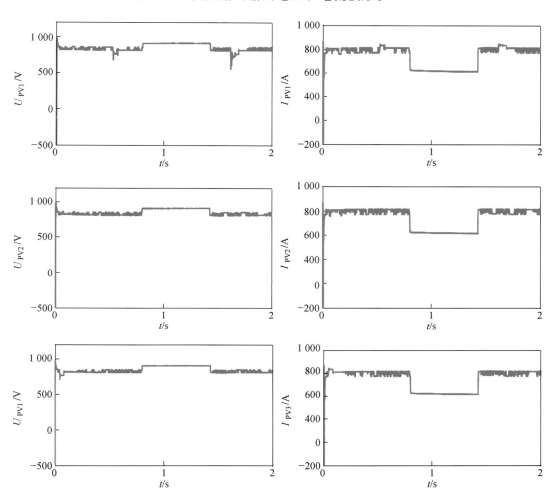

图 4-55　光伏输出电压、电流波形

4.6.2　交、直流侧故障快速辨识及保护协调配合技术

1．交流故障对直流侧特征量的影响

MMC 拓扑结构如图 4-56 所示。其中，直流等效系统电压为 $\pm U_{DC}$，等效电阻为 R_{DC}。直流 DC/DC 换流器采用全桥隔离拓扑，输入端连接可控全桥电路，经变比为 $1:n_{TDC}$ 的高频变压器后再经不控全桥电路与输出端相连。MMC 直流侧正、负极电

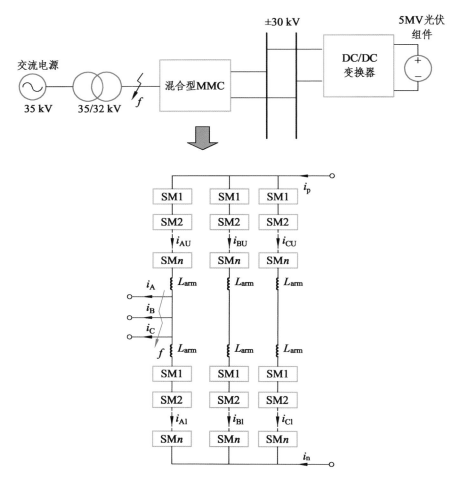

压、电流分别为 u_p、u_n、i_p、i_n。交流侧各相相电压为 u_i、电流为 i_i（i 为 A、B、C 相）；上、下桥臂子模块电容电压均值为 U_{iCu}、U_{iCl}，正常工作时稳定值为 U_C；上、下桥臂电压、电流分别为 u_{iu}、u_{il}、i_{iu}、i_{il}；桥臂等效电阻为 R_{arm}；桥臂电感为 L_{arm}；桥臂等效阻抗为 $Z_{arm} = R_{arm}+j\omega L_{arm}$；上、下桥臂接入电容数为 N_{iu}、N_{il}。

图 4-56　采用 MMC 的直流接入系统拓扑结构

根据最近电平逼近法，可将桥臂电容等效为电压源，且上、下桥臂电容等效电压分别为 V_{iCu}、V_{iCl}。根据叠加原理，在交流系统激励与桥臂电容等效电压激励作用下，直流侧正、负极电压产生交流响应，表达式如下：

$$\begin{cases} \dot{U}_{\mathrm{p}} = \dfrac{R_{\mathrm{DC}}}{Z_{\mathrm{DCa}}} \left(\displaystyle\sum_{i=\mathrm{A,B,C}} \dot{V}_{i\mathrm{Cu}} + \sum_{i=\mathrm{A,B,C}} \dot{U}_i \right) \\[4mm] \dot{U}_{\mathrm{n}} = \dfrac{R_{\mathrm{DC}}}{Z_{\mathrm{DCa}}} \left(-\displaystyle\sum_{i=\mathrm{A,B,C}} \dot{V}_{i\mathrm{Cl}} + \sum_{i=\mathrm{A,B,C}} \dot{U}_i \right) \end{cases} \qquad (4\text{-}16)$$

其中，$Z_{\mathrm{DCa}} = 3R_{\mathrm{DC}} + Z_{\mathrm{arm}}$。 $\qquad\qquad\qquad\qquad\qquad\qquad$ （4-17）

在如图 4-56 所示的系统中，f 点即 MMC 交流出口处发生短路故障，对直流侧的影响最大。下面以 f 点发生 A 相金属性接地短路和 BC 两相金属性接地短路为例，给出交流接地短路后直流电压的交流特征，表达式如下：

$$\begin{cases} \dot{U}_{\mathrm{P}} = \dfrac{R_{\mathrm{DC}}}{Z_{\mathrm{DCa}}} \left(\displaystyle\sum_{i=\mathrm{A,B,C}} \dot{V}_{i\mathrm{Cu}} - \dfrac{3k_0}{k_0+2} \dot{U}_{\mathrm{Af|0|}} \right) \\[4mm] \dot{U}_{\mathrm{n}} = \dfrac{R_{\mathrm{DC}}}{Z_{\mathrm{DCa}}} \left(-\displaystyle\sum_{i=\mathrm{A,B,C}} \dot{V}_{i\mathrm{Cl}} - \dfrac{3k_0}{k_0+2} \dot{U}_{\mathrm{Af|0|}} \right) \end{cases} \qquad (4\text{-}18)$$

式中，$u_{if|0|}$ 为故障前三相电压值；考虑交流侧中性点接地阻抗时，k_0 的表达式如下：

$$k_0 = (Z_{\Sigma(0)} + Z_{\mathrm{n}}) / Z_{\Sigma(1)} \qquad\qquad\qquad (4\text{-}19)$$

式中，$Z_{\Sigma(0)}$ 为零序阻抗；$Z_{\Sigma(1)}$ 为正序阻抗；Z_{n} 为交流系统中性点接地阻抗。

在光伏直流汇集接入系统模型中，A 相短路后，Dyn11 变压器中性点直接接地以及 YNd11 变压器中性点经 100 Ω 电阻接地时，MMC 直流出口母线电压波形如图 4-57 所示。单相接地短路后直流电压包含交流分量，且该交流分量受接地方式影响，与式（4-18）分析结果相符。

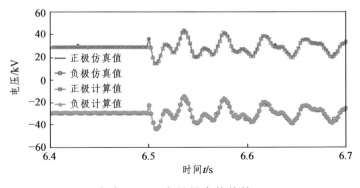

（a）Dyn11 变压器直接接地

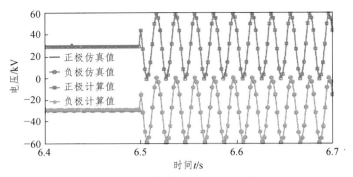

（b）YNd11 变压器经 100 Ω 电阻接地

图 4-57　A 相接地短路的直流电压仿真波形

BC 两相接地短路后，Dyn11 变压器中性点直接接地以及 YNd11 变压器中性点经 100 Ω 电阻接地时，直流电压波形如图 4-58 所示。两相接地短路后直流电压包含交流分量，与图 4-58 对比可知，该交流分量不仅受接地方式影响，还受故障类型的影响，与式（4-18）相符。

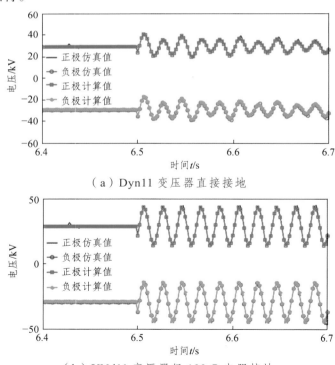

（a）Dyn11 变压器直接接地

（b）YNd11 变压器经 100 Ω 电阻接地

图 4-58　BC 两相接地短路的直流电压仿真波形

以 f 点发生 BC 两相短路和三相短路为例，给出交流相间短路后直流侧正、负极电压的交流特征如下：

$$\begin{cases} \dot{U}_\mathrm{p} = \dfrac{R_\mathrm{DC}}{Z_\mathrm{DCa}} \sum_{i=\mathrm{A,B,C}} \dot{V}_{i\mathrm{Cu}} \\[3mm] \dot{U}_\mathrm{n} = -\dfrac{R_\mathrm{DC}}{Z_\mathrm{DCa}} \sum_{i=\mathrm{A,B,C}} \dot{V}_{i\mathrm{Cl}} \end{cases} \tag{4-20}$$

BC 两相相间短路后，Dyn11 变压器中性点直接接地以及 YNd11 变压器中性点经 100 Ω 电阻接地时，直流电压波形如图 4-59 所示，直流电压基本不受两相短路影响，与式（4-20）相符。

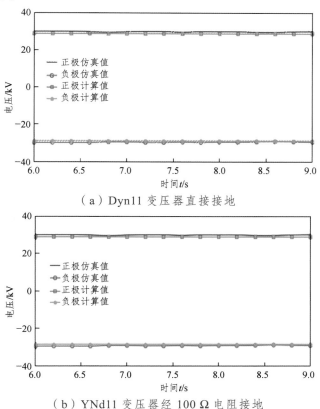

（a）Dyn11 变压器直接接地

（b）YNd11 变压器经 100 Ω 电阻接地

图 4-59　BC 两相相间短路的直流电压仿真波形

三相短路后，Dyn11 变压器中性点直接接地以及 YNd11 变压器中性点经 100 Ω 电阻接地时，直流电压波形如图 4-60 所示，三相短路基本不影响直流电压特征，与式（4-20）相符。

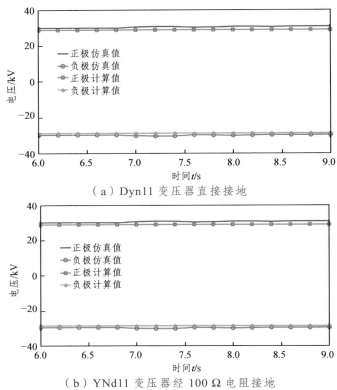

（a）Dyn11 变压器直接接地

（b）YNd11 变压器经 100 Ω 电阻接地

图 4-60　三相短路的直流电压仿真波形

根据以上分析，考虑变压器连接方式的影响，可得出以下结论：

（1）发生两相短路与三相短路时，直流侧正、负极电压基本不变，且不受交流侧接地方式影响。

（2）发生两相接地短路时，若变压器连接方式为 YNd11 经高阻接地时，直流侧正、负极电压产生一个幅值为故障前直流侧电压 1/2 的 50 Hz 交流分量；若变压器连接方式为 Dyn11 直接接地时，直流侧正、负极电压产生一个频率为 50 Hz 的交流分量，且幅值比变压器采用 YNd11 经高阻接地接线方式时小。

（3）单相接地短路时，变压器接线为 YNd11 经高阻接地时，直流侧正、负极电压产生一个幅值为故障前直流侧电压值的 50 Hz 交流分量；变压器接线为 Dyn11 直接接地时，直流侧正、负极电压产生一个幅值为故障前直流侧电压 1/2 的 100 Hz 交流分量。

2．计及交流故障影响的直流保护

结合前面交流故障对直流特征量的影响分析，考虑到交、直流保护的相互配合，本书的直流保护方案需进行如下改进：

（1）防止交流故障导致直流保护误动。具体的改进方法：设置直流低电压保护及不平衡电压保护，整定值躲过交流侧单相短路，设置动作延时，滤波器滤除 50 Hz 及 100 Hz 交流分量。

（2）防止交流单相接地短路后，因故障电流较小导致交流保护拒动，使得交流故障影响直流系统的正常运行。对此可考虑将直流侧保护作为交流侧的后备保护。

根据如表 4-1 所示的交、直流故障后的直流极间电压及不平衡电压特征，考虑交流故障影响的直流电压保护流程如图 4-61 所示，设计如式（4-21）所示的直流电压保护，该保护可作为交流单相接地短路的后备保护。

表 4-1　直流不平衡电压与极间电压特征

故障类型	不平衡电压	极间电压
无故障	0	U_{DC}
交流单相短路	正弦特征	U_{DC}
直流正（负）极短路	$-U_{DC}$（U_{DC}）	U_{DC}
直流极间短路	0	0

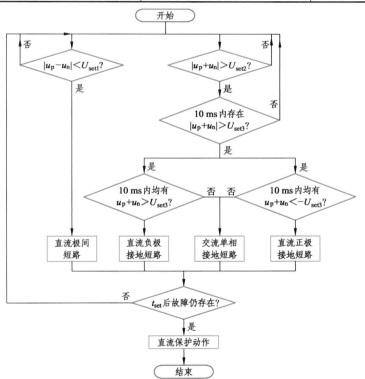

图 4-61　基于极间电压和不平衡电压的直流电压保护流程

根据表 4-1,设置保护判据如下:

$$
\begin{cases}
\left|u_{\mathrm{p}} - u_{\mathrm{n}}\right| < U_{\mathrm{set1}} \\
\left|u_{\mathrm{p}} + u_{\mathrm{n}}\right| > U_{\mathrm{set2}} \\
\left|u_{\mathrm{p}} + u_{\mathrm{n}}\right| > U_{\mathrm{set3}}
\end{cases}
\tag{4-21}
$$

式中,u_{p} 为 MMC 直流侧正极电压;u_{n} 为 MMC 直流侧负极电压;U_{set1} 为极间电压低压判据整定值;U_{set2}、U_{set3} 为不平衡电压判据整定值,有 $U_{\mathrm{set2}} < U_{\mathrm{set3}}$。设正、负极电压信号采样周期为 T_{s},延时时间为 t_{set},综合考虑式(4-21)中的 3 条判据,可得极间短路判据(P_1)、接地短路判据(P_2)、负极接地短路判据(P_3)、正极接地短路判据(P_4)和单相接地短路判据(P_5)。各判据整定值的确定如下:

$$
\begin{cases}
U_{\mathrm{set1}} = K_{\mathrm{set1}} U_{\mathrm{nDC.min}} \\
U_{\mathrm{set2}} = K_{\mathrm{set2}} U_{\mathrm{npn.max}} \\
U_{\mathrm{set3}} = K_{\mathrm{set3}} \max\left\{ U_{\mathrm{f2pn\text{-}2p.max}},\, U_{\mathrm{f3pn\text{-}1p.max}} \right\}
\end{cases}
\tag{4-22}
$$

式中,K_{set1}、K_{set2} 和 K_{set3} 为可靠系数($K_{\mathrm{set1}}{<}1$,$K_{\mathrm{set2}}{>}1$,$K_{\mathrm{set3}}{>}1$);$U_{\mathrm{nDC.min}}$ 为正常运行时的最低极间电压绝对值;$U_{\mathrm{npn.max}}$ 为正常运行时的最大不平衡电压绝对值;$U_{\mathrm{f2pn\_2p.max}}$ 为本级线路两相接地短路时的最大不平衡电压绝对值;$U_{\mathrm{f3pn\_1p.max}}$ 为下级线路单相接地短路时的最大不平衡电压绝对值;"max{}"表示取最大值。

在如图 4-62 所示的模型中,f_1 处正极接地短路、极间短路,f_2 处 A 相接地短路、BC 两相接地短路、BC 两相短路、三相短路,以及 f_3 处 A 相接地短路后,该直流电压保护判据输出情况如表 4-2 所示。其中,保护判据输出 1 代表判据成立,输出 0 代表不成立,输出判据时间为故障发生到 P_1 或 $P_3 \sim P_5$ 输出由 0 变为 1 的差值。

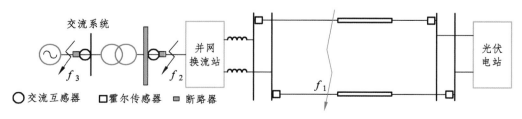

图 4-62 计及交流故障的直流电压保护验证故障位置示意图

表 4-2 计及交流故障影响的直流电压保护保护仿真验证表

故障位置	故障类型	保护判据输出理论值					保护判据输出实际值					输出判据成立时间/ms
		P_1	P_2	P_3	P_4	P_5	P_1	P_2	P_3	P_4	P_5	
f_1	正极接地短路	0	1	0	1	0	0	1	0	1	0	14
f_1	极间短路	1	0	0	0	0	1	0	0	0	0	1.5
f_2	A 相接地短路	0	1	0	0	1	0	1	0	0	1	16.5
f_2	BC 两相接地短路	0	1	0	0	0	0	1	0	0	0	—
f_2	BC 两相短路	0	0	0	0	0	0	0	0	0	0	—
f_2	三相短路	0	0	0	0	0	0	0	0	0	0	—
f_3	A 相接地短路	0	0	0	0	0	0	1	0	0	0	—

对比保护的仿真结果与理论分析可知：

f_1 处直流短路，f_2、f_3 处交流短路后，该直流不平衡电压保护的 5 个判据理论结果与仿真相符。f_3 处发生 A 相接地故障后，虽然 P_2 成立，但其他 4 个判据均不成立，故直流保护不会误动。P_2 成立的原因是：整定 U_{set2} 时未考虑躲过 MMC 交流侧下级线路单相短路后的直流不平衡电压，导致当 f_3 处 A 相接地短路后，直流不平衡电压绝对值大于 U_{set2}。由于 P_2 为中间判据，不会直接引起保护误动，且直流不平衡电压绝对值始终小于 U_{set3}，故 P_3、P_4、P_5 均不成立，直流保护不会动作。

3．直流故障对交流侧特征量的影响分析

1）单极接地故障

系统接地方式为 MMC 直流侧经箝位电阻接地，发生单极接地故障时，故障极电压下降为 0。由于不存在 MMC 子模块电容的放电回路，故非故障极电压升高为原来的 2 倍，直流电流保持不变，光伏功率仍可正常传输。由于直流零电位参考点位置变为故障点，使得 MMC 交流侧三相电压包含 $0.5U_{DC}$ 的直流偏置，故交流电流没有发生明显变化。如图 4-63 所示的故障仿真波形与上述分析相符。

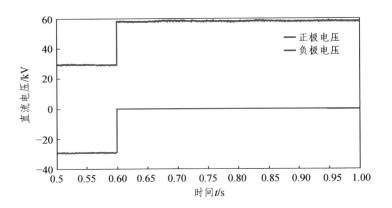

（a）直流线路电压

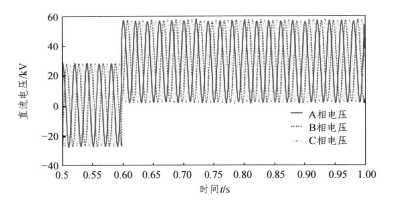

（b）MMC 交流出口三相电压

图 4-63　单极接地故障交、直流电压波形

　　系统可采用 MMC 交流出口 Dyn11 连接变压器中性点经电阻接地，发生单极接地故障时，MMC 与接地点之间存在如图 4-64 红色实线所示的放电回路。且桥臂电容放电量与变压器接地电阻值有关，当接地电阻较大时，放电电流较小，此时的故障特征与 MMC 直流侧经箝位电阻接地时相似；当接地电阻值较小时，MMC 桥臂电容迅速放电，产生较大的直流分量，极间电压迅速下降。由于 MMC 桥臂电容放电电流流经 MMC 交流侧，故交流电流出现直流分量。交流电源的馈入回路如图 4-64 蓝色实线所示。

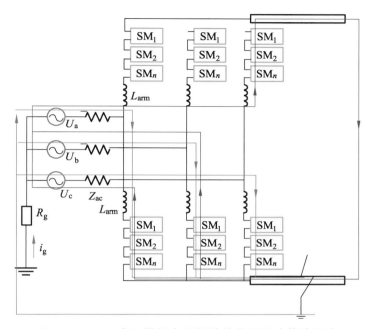

图 4-64　Dyn 变压器经电阻接地的单极接地故障回路

由图 4-64 可知，基于 MMC 换流器的光伏直流升压汇集接入系统发生单极接地故障时，MMC 交流出口三相电压、电流均会出现直流分量，需分析连接变压器是否会出现直流偏磁。下面分析并仿真验证变压器连接组别对变压器直流偏磁的影响。

（1）连接变压器组别为 YNd11，直流侧箝位电阻接地。

若变压器采用 YNd11 接线，且 MMC 直流侧经箝位电阻接地，发生单极接地故障时，MMC 交流侧三相电压出现直流偏置，偏置量为正常运行的单极直流电压，即 $0.5U_{DC}$。而连接变压器每相绕组电压为 MMC 换流器交流出口线电压，在故障前后无变化，且此时没有流入变压器的直流通路，因此连接变压器不会出现直流偏磁现象，变压器励磁电流和差动电流保持不变，如图 4-65 所示，单极接地故障时间为 0.6 s。

（2）连接变压器接线为 Dyn11，变压器中性点经电阻接地。

连接变压器采用 Dyn11 经电阻接地的接线方式，发生单极接地故障时，变压器是否会发生直流偏磁与接地电阻大小密切相关。若变压器阀侧经高阻接地，发生单极接地故障时，虽然存在放电回路，但由于接地电阻较大，MMC 桥臂电容几乎不放电，直流极间电压不变。变压器接地电阻远大于变压器内阻及交流线路电阻，因此，MMC 交流出口出现的直流偏置电压几乎全部加在变压器接地电阻上，变压器每相绕组电压并未发生明显变化。此时不会出现变压直流偏磁，仿真波形与图 4-65 相似。若变压器

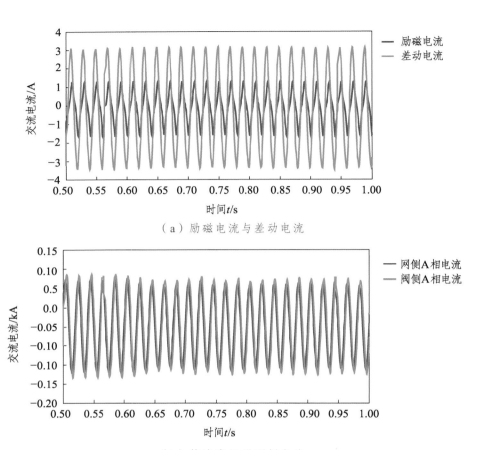

（a）励磁电流与差动电流

（b）换流变压器两侧电流

图 4-65　变压器组别为 YNd11 时的波形

　　阀侧接地电阻较小，则 MMC 桥臂电容放电，较大的直流电流流经连接变压器接地点，进而在变压器内产生直流磁通，变压器铁心饱和，出现直流偏磁。如图 4-66 所示为变压器接地电阻为 100 Ω 时的单极接地短路仿真波形，从图中可以看出，变压器励磁电流偏向于时间轴的一侧，且出现大量二次谐波。

　　可见，当变压器阀侧接地电阻较小时，变压器会出现直流偏磁，进而影响变压器差动保护。

　　本书介绍的 MMC 换流器为混合型 MMC，具有直流故障自清除能力，当换流器感受到的桥臂电流大于 2 倍额定电流时会及时闭锁，阻断交、直流故障通路，使交流电流以及流入变压器的直流电流迅速下降。由于 MMC 换流器闭锁时间远小于差动保护动作时间，直流单极接地故障不会造成差动保护误动。

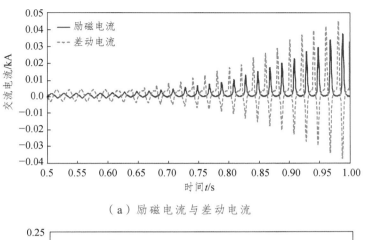

（a）励磁电流与差动电流

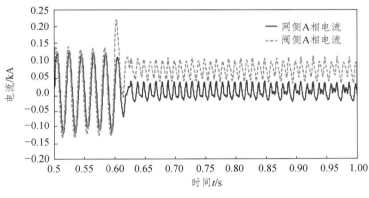

（b）变压器两侧电流

图 4-66　Dyn11 变压器阀侧接地电阻为 100 Ω时的波形

2）极间短路故障

当直流线路发生极间短路故障后，MMC 换流器桥臂电容放电，极间电压迅速下降，MMC 交流侧相当于发生三相短路故障，交流出口三相电压下降，交流电流上升。极间短路故障仿真波形如图 4-67 所示，验证了上述分析，由于桥臂电感续流，MMC 交流出口三相电压未下降到 0。

由于极间短路故障电流很大，直流电流可达到正常运行电流的十几倍，这就需要 MMC 换流器及时闭锁。混合型 MMC 换流器具有隔离直流侧故障的能力。当换流器闭锁后，交流电流下降为 0，同时由于闭锁后 MMC 换流器提供的反极性电压使得故障电流下降，直流电流随之下降为 0。

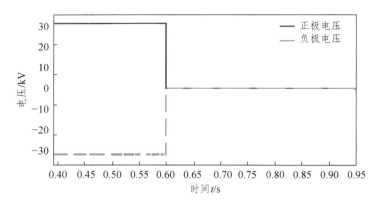

（a）直流电压波形

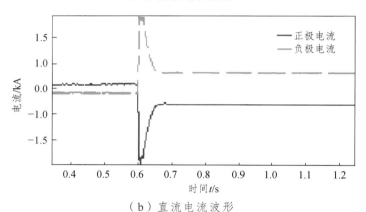

（b）直流电流波形

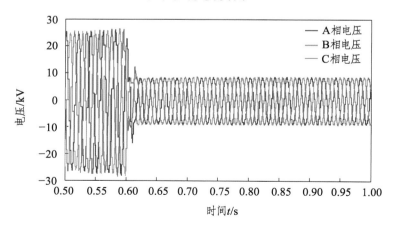

（c）交流电压波形

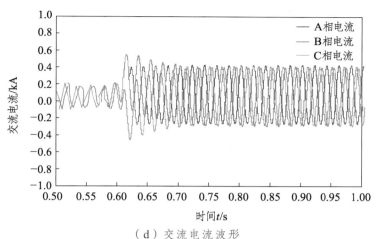

（d）交流电流波形

图 4-67　极间短路后仿真波形

4.7　交流保护配置

如图 4-68 所示，为保证系统可靠运行，在交流保护区设置了线路电流差动保护、三段式电流保护以及电压异常保护。其中，电流差动保护和电流 I 段保护为主保护，电流 II 段保护以及包括低电压保护、过电压保护和零序过电压保护的电压异常保护为后备保护。考虑到交、直流保护的协调配合，在 M 端和 N 端均配置断路器。交流保护区内故障时，M 端和 N 端断路器均动作，隔离交流故障。直流故障判据成立后，N 侧断路器跳闸，与 MMC 闭锁配合完成故障隔离，使 MMC 交流出口电压降为 0。

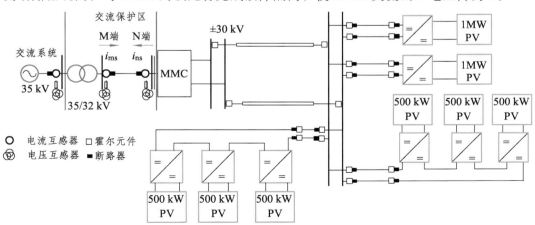

图 4-68　光伏直流接入系统

设电流正方向为由母线指向线路。电流差动保护作为交流线路的主保护，可快速识别并切除区内故障，其保护判据如下：

$$I_r = \left| \dot{I}_{ms} + \dot{I}_{ns} \right| \geq \dot{I}_{set} \qquad (4\text{-}23)$$

式中，I_r 为差动电流；$\dot{I}_{ms}$、$\dot{I}_{ns}$ 分别为线路两侧的三相电流；I_{set} 为差动保护动作电流整定值，需躲过外部的最大不平衡电流，即：

$$I_{set} = K_{rel\_cd} K_{np} K_{er} K_{st} I_{k.max} \qquad (4\text{-}24)$$

式中，K_{rel_cd} 为差动保护可靠系数；K_{np} 为非周期系数；K_{er} 为电流互感器的 10% 误差系数；K_{st} 为电流互感器同型系数；$I_{k.max}$ 为外部短路时流过电流互感器的最大短路电流。

三段式电流保护用于提高保护的可靠性。根据电流方向，对于 N 端三段电流保护与 M 端 I 段保护可按常规方式整定。M 端电流 II 段保护需要保护线路全长，先比较线路 N 端三相短路和 MMC 直流出口极间短路时 N 端保护安装处测得的短路电流大小，然后取两者中的最大值对 M 端电流 II 段保护进行整定。根据传统交流电流 III 段保护的保护范围，M 端电流 III 段保护应作为本段线路的近后备保护以及直流故障的远后备保护。因 MMC 换流器闭锁时间远小于 M 端 III 段保护动作时间，当直流线路发生短路故障且 MMC 闭锁后，交流电流迅速下降，III 段电流保护不能可靠动作，故不配置电流 III 段保护。为配合直流保护并提供直流故障的远后备保护与本段线路的近后备保护，在 M 端配置低电流保护，当 M 端保护安装处测得的交流电流持续接近于 0 时，保护延时动作。

对于连接变压器，结合 4.6.2 节分析可知，直流单极接地故障对交流变压器差动保护等基本无影响；极间短路后 MMC 迅速闭锁，也不会引起变压器保护误动。因此，建议变压器保护采用常规主后备保护配置方案。

4.8 控制保护设备研制

根据光伏直流升压汇集接入系统的主回路图以及功能划分，控制保护系统分为逆变站交流线路控制保护区、直流送出线路控制保护区、汇流母线控制保护区、汇集支路控制保护区，并根据功能分区配置相应的控制保护设备，如图 4-69 所示。逆变站保护装置的功能在 MMC 控制保护装置中实现，4 个光伏发电模块到汇流母线的线路上配置 4 台保护装置，主要设置本地模拟量采集的 2 端口差动保护；汇流母线配置 5 端口汇流母线差动保护，同时完成到光伏升压站的直流线路光差保护。

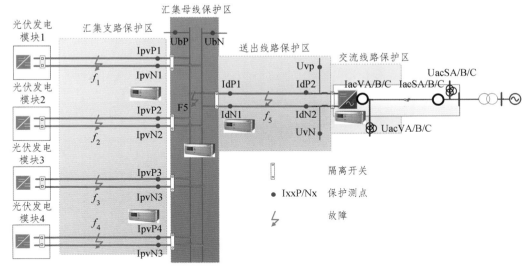

图 4-69　控制保护功能分区及装置布置图

4.8.1　硬件总体方案设计

控制系统总体功能如图 4-70 所示，核心设备是协调控制保护装置 VCP（CSD-347A），用来实现换流器级控制功能、换流器与上级控制系统的接口功能、换流器的保护功能、换流器与阀级的接口功能。CSN-30S 用来实现阀级控制功能，执行协调控制器下发的命令。CSD-347A 与 CSN-30S 均采用 4U/19 英寸机箱设计。

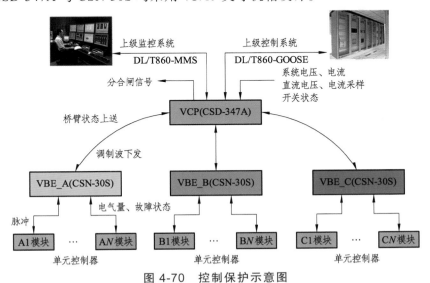

图 4-70　控制保护示意图

协调控制保护装置由 CPU 板卡、逻辑处理板卡、GOOSE 通信板卡、录波板卡、智能 DI/DO 模块、电源模块、实时自检硬件平台组成。各板块的主要功能如下：

1. CPU 板卡

CPU 插件主要完成模拟量采集及其预处理功能。CPU 板卡配置千兆模拟量输出口、FT3 模拟量输入口、光纤差动接口（2 M 或千兆网）、FT3 录波输出口、光 B 码对时接口等。

2. 逻辑处理板卡

逻辑插件主要完成控制、保护算法的实现。逻辑插件上配置站间通信接口、调试口、FT3 接口与通信管理机接口，实现母线线路慢速保护及配网协调控制功能。

3. GOOSE 通信板卡

GOOSE 通信板卡与单元级具备 GOOSE 通信功能，用来完成开关、刀闸状态量的采集和控制功能，其对外接口为 GOOSE 网口。

4. 录波板卡

录波板卡提供强大的录波功能，配置录波子站接口、模拟量输入千兆网卡、FT3 录波输入口。

5. 智能 DI/DO 模块

智能 DI 模块用来接入刀闸位置、各保护压板等，能对各路开入回路进行实时自检。开入端口和通信端口采用光耦与外界进行隔离。

智能 DO 模块主要接入输出跳闸、启动重合闸、告警信号等触点，具有较强的抗干扰能力。开出端口和通信端口采用光耦与外界进行隔离。

6. 电源模块

采用冗余的双路电源模块，输出装置需 5 组电源，包括供开入、开出电源的 + 24 V、供模拟量用电源的 ± 12 V 和各 CPU 逻辑用电源的 + 5 V。

7. 实时自检硬件平台

通过装置的硬件在线检测和自检，可以从根本上杜绝因装置硬件损坏造成的不正确动作，并可大大减轻装置定期检验的工作量：装置内部各模块采用智能化设计，增加了开入量、开出量、模拟量和电源的在线自检，实现了装置各模块的全面实时自检；继电器检测采用新方法，可以检测到继电器励磁回路线圈的完好性，实现了继电器状态的检测与异常告警；开入状态经两路光隔同时采集后，才予以确认和判断；对机箱内温度进行实时监测。

4.8.2　软件总体方案设计

软件装置总体架构如图 4-71 所示。

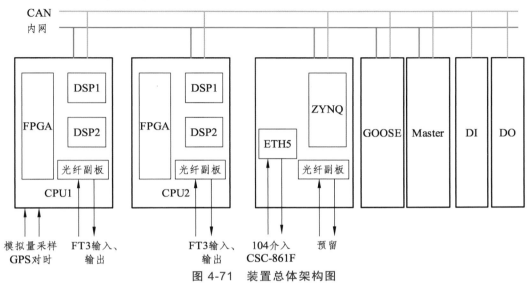

图 4-71　装置总体架构图

1．控制功能

控制功能是采集就地数据和信号，接入和转发下级智能设备信息，运用可视化逻辑，通过向单元级的控制器、负荷控制器或监管协调子微网级控制器提供设定值或控制策略来控制微电源和负荷的稳定、经济运行。控制功能包含但不限于以下内容：运行模式划分、运行方式切换、并离网切换、35 kV 交流启动、定功率模式、最大功率模式、直压支撑模式、交流互济模式。协调控制功能如图 4-72 所示。

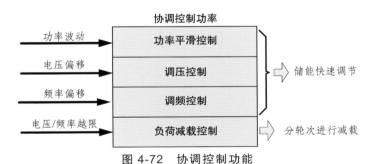

图 4-72　协调控制功能

2．保护功能

根据光伏直流升压汇集接入系统的主回路图以及功能划分，可将控制保护系统划分为逆变站控制保护区、直流线路控制保护区、汇流母线控制保护区、汇集线路控制保护区。

逆变站保护装置的功能在 MMC 控制保护装置中实现，4 个光伏发电模块到汇流母线的线路配置 4 台保护装置，主要设置本地模拟量采集的 2 端口差动保护；汇流母线配置 5 端口汇流母线差动保护，同时完成到光伏升压站的直流线路光差保护。保护功能配置如表 4-3 所示。

表 4-3   光伏直流升压项目保护功能配置

序号	保护名称	保护缩写	备注
1	直流汇流母线差动保护	87DCB	
2	直流支路过电流保护	76DC	
3	直流线路纵联差动保护	87DCLL	
4	直流汇集线路差动保护	87DCL	考虑用 87DCB 代替
5	直流低电压保护	27DC	
6	直流过电压保护	59DC	

3．保护配置情况

所有电流规定：正极母线以流入母线为正方向，负极母线以流出母线为正方向，表 4-4 ~ 表 4-8 给出了光伏直流升压工程各保护功能详细原理、出口方式。

表 4-4   直流汇流母线差动保护

保护区域	直流母线保护区
保护名称	直流汇流母线差动保护
保护的故障	直流汇流母线区接地、极间故障
保护原理	正汇流母线差动： 动作判据：$\|I_{dP1}+I_{dP2}+\cdots+I_{dP11}\|>\max\left(I_{DCb\_set},\ K_{\_set}I_{res}\right)$ 制动电流：$I_{res}=\max\left(I_{dP1},\ I_{dP2},\ I_{dP3},\ \cdots,\ I_{dP11}\right)$ 负汇流母线差动： 动作判据：$\|I_{dN1}+I_{dN2}+\cdots+I_{dN11}\|>\max\left(I_{DCb\_set},\ K_{\_set}I_{res}\right)$ 制动电流：$I_{res}=\max\left(I_{dN1},\ I_{dN2},\ \cdots,\ I_{dN11}\right)$ 制动系数：$k_{\_set}$ I 段报警段：I_{DCb_set1}，延时 $T_{\_set1}$ II 段跳闸段：I_{DCb_set2}，延时 $T_{\_set2}$ III 段跳闸段：I_{DCb_set3}，延时 $T_{\_set3}$
保护配合	无
出口方式	I 段：告警 II 段：跳各支路断路器/开关、闭锁相连换流器

1）直流汇流母线差动保护

光伏直流升压项目保护采用了两套三段式比例差动保护，对直流正、负极汇流母线接地和极间故障提供保护。

2）直流支路过电流保护

直流支路过电流保护对汇入支路提供保护，作为变流器保护、直流线路保护的后备保护，设置两段式方向闭锁过流保护，分别作用于告警和跳分支断路器。

表 4-5　直流支路过电流保护

保护区域	直流线路
保护名称	直流支路过流保护（带方向元件）
保护的故障	防止支路电流过大造成设备损坏
保护原理	动作判据：$\max(I_{dP}, I_{dN}) > I_{\_set}$ Ⅰ段告警段：门槛值 $I_{\_set1}$，告警延时 $T_{\_set1}$ Ⅱ段动作段：$I_{\_set2}$，动作延时 $T_{\_set2}$ 在各个直流母线支路均装设直流支路过电流保护，电流的整定值根据各支路额定电流设置 动作段设置方向元件，方向元件使能和方向通过控制选择 方向元件投入后，当电流与设置方向一致时才允许动作
保护配合	需要与设备过流能力配合
后备保护	对站的过流保护
出口方式	Ⅰ段：报警 Ⅱ段：跳分支断路器/开关

3）直流线路 2 端口光差

直流线路光纤纵差保护作为送出直流线路的主保护，为直流线路接地故障、极间短路故障提供保护，采用两端口三段式比例差动保护。

表 4-6　直流线路光差保护

保护区域	直流线路区
保护名称	直流线路光纤纵差保护（2 端口）
保护的故障	直流线路接地、极间故障
保护原理	正极线路差动： 动作判据：$|I_{dP}+I_{dP\_OP}| > \max(I_{DCb\_set}, K_{\_set}I_{res})$ 制动电流：$I_{res} = \max(I_{dP}, I_{dP\_OP})$ 负极线路差动： 动作判据：$|I_{dN}+I_{dN\_OP}| > \max(I_{DCb\_set}, K_{\_set}I_{res})$ 制动电流：$I_{res} = \max(I_{dN}, I_{dN\_OP})$ 制动系数：$K_{\_set}$

续表

保护原理	I_{dP}、I_{dN} 是本站直流线路正、负极电流；I_{dP_OP}、I_{dN_ON} 是对站直流线路正、负极电流 Ⅰ段报警段：I_{dcb_set1}，延时 $T_{\_set1}$ Ⅱ段跳闸段：I_{dcb_set2}，延时 $T_{\_set2}$ Ⅲ段跳闸段：I_{dcb_set3}，延时 $T_{\_set3}$
保护配合	无
出口方式	Ⅰ段：告警 Ⅱ段：闭锁相连换流器、跳线路断路器/开关或远跳对站直流断路器 Ⅲ段：闭锁相连换流器、跳线路断路器/开关或远跳对站直流断路器

4）直流低电压保护

直流低电压保护是直流母线、直流线路的后备保护，为直流系统持续性故障引起的电压降低提供保护，采用三段式保护。

表 4-7　直流低电压保护

保护区域	直流母线或直流线路区
保护名称	直流低电压保护
保护的故障	直流系统故障引起的直流电压降低
保护原理	告警段、动作Ⅰ段判据如下： $\|U_{dP}\|<U_{\_set}$ 或 $\|U_{dN}\|<U_{\_set}$ 动作Ⅱ段判据如下： $\|U_{dP}-U_{dN}\|<U_{\_set}$ 动作Ⅰ段作为直流系统故障的后备，延时整定较长，典型定值为 3 s 动作Ⅱ段作为直流系统严重故障的快速后备段，延时整定较段
保护配合	作为直流系统故障的后备
出口方式	Ⅰ段：告警 Ⅱ段：闭锁相连换流器、跳线路断路器/开关或远跳对站直流断路器 Ⅲ段：闭锁相连换流器、跳线路断路器/开关或远跳对站直流断路器

5）直流过电压保护

直流过电压保护是直流母线、直流线路的后备保护，主要保护各种故障和异常引起的直流系统过电压，采用三段式保护。

表 4-8 直流过电压保护

保护区域	直流母线或直流线路区
保护名称	直流过电压保护
保护的故障	本保护主要反映控制异常、雷击、直流极接地故障、直流极线开路等造成的过电压
保护原理	电压判据如下： （ $\|U_{dP} - U_{dN}\|$ 或 $\|U_{dN}\|$ 或 $\|U_{dP}\|$ ）$>U_{\_set}$
保护配合	根据设备的耐压能力整定
出口方式	Ⅰ段：告警 Ⅱ段：闭锁相连换流器、跳线路断路器/开关或远跳对站直流断路器 Ⅲ段：闭锁相连换流器、跳线路断路器/开关或远跳对站直流断路器

参考文献

[1] 汪令祥. 光伏发电用 DC/DC 变换器的研究[D]. 合肥：合肥工业大学，2006.

[2] 颜伟鹏，田书欣，张永鑫，等. 小型光伏发电系统中的高增益 DC-DC 变换器综述[J]. 通信电源技术，2010，27（6）：1-5.

[3] 高志强，王建赜，纪延超，等. 一种快速的光伏最大功率点跟踪方法[J]. 电力系统保护与控制，2012，40（8）：105-109.

[4] YANG B. Topology investigation for front-end DC/DC power conversion for distributed power system[J]. IEEE Transactions on Industry Applications，2005,41（1）：9-17.

[5] LIU Y. High efficiency optimization of LLC resonant converter for wide load range[J]. Energies，2018，11（5）：1124.

[6] ZHOU G，RUAN X，WANG X. Input voltage feed-forward control strategy for cascaded DC/DC converters with wide input voltage range[C]// IEEE，International Power lectronics and Motion Control Conference. Hefei：[s.n.]，2016：603-608.

[7] 谢涛，谢运祥，胡炎申，等. 光伏发电系统高增益 DC/DC 变换器的研究[J]. 电器与能效管理技术，2011（8）：17-22.

[8] PARK E S，et al. A soft-switching active-clamp scheme for isolated full-bridge boost converter[C]//Annual IEEE Applied Power Electronics Conference and Exposition（APEC）. Anaheim：[s.n.]，2004: 1067-1070.

[9] 张容荣. 输入并联输出串联组合变换器控制策略的研究[D]. 南京:南京航空航天大学，2008.

[10] ZHOU G，RUAN X，WANG X. Input voltage feed-forward control strategy for cascaded DC/DC converters with wide input voltage range[C]// 2016 IEEE 8th International Power Electronics and Motion Control Conference (IPEMC-ECCE Asia)，Hefei：[s.n.]，2016：601-604.

[11] 赵磊. LLC 谐振变换器的研究[D]. 成都：西南交通大学，2008.

[12] 王宁斌. Boost 变换器的控制研究与实现[D]. 西安：西安理工大学，2008.

[13] ZHANG Z，WANG Y. Simulation studies of DC-connected photovoltaic power system[C]. IEEE Conference on Energy Internet and Energy System Integration（EI2），Beijing：[s.n.]，2017：1-6.

[14] WANG Y，HU C，DING R，et al. A nearest level PWM method for the MMC in DC distribution grids[J]. IEEE Transactions on Power Electronics，2018，33（11）： 9209-9218.

[15] WANG Y，WANG C，XU L，et al. Adjustable inertial response from the converter with adaptive droop control in DC grids[J]. IEEE Transactions on Smart Grid，2019，10（3）：3198-3209.

[16] 戴志辉，朱惠君，严思齐，等. 钳位双子模块型模块化多电平换流器交流侧故障对直流侧的影响分析[J]. 中国电机工程学报，2018，38（12）：3568-3577+16.

[17] 戴志辉，葛红波，严思齐，等. 柔性直流配电网故障分析[J]. 电工技术学报，2018，33（08）：1863-1874.

[18] 贾科，朱瑞，毕天姝，等. 基于单端暂态信号量测的柔性直流汇集系统主动保护[J]. 中国电机工程学报，2019，39（06）：1572-1581+1854

[19] 朱瑞，贾科，赵其娟，等. 光伏直流并网系统控保协同故障区段辨识方法[J]. 电网技术，2019，43（08）：2825-2835.

[20] JIA K，ZHU R，BI T，et al. Fuzzy-Logic-Based active protection for photovoltaic DC power plant[J]. IEEE Transactions on Power Delivery，2020，35（2）：497-507.

[21] 田艳军，陈波，王毅，等. 光伏直流升压汇集系统改进功率权重分层控制策略[J]. 高电压技术，2019，45（10）：3247-3255.

[22] 田艳军，魏石磊，王毅，等. 光伏汇集系统经过混合型 MMC 并网优化启停控制策略[J]. 高电压技术，2020，46（01）：178-186.

[23] 王毅，许恺，陈骥群. 双向隔离型 DC-DC 变换器的双移相优化控制[J]. 电机与控制学报，2017，21（08）：53-61+71.

[24] 戴志辉，葛红波，陈冰研，等. 柔性中压直流配电网线路保护方案[J]. 电力系统自动化，2017，41（17）：78-86.

[25] 戴志辉，葛红波，严思齐，等. 柔性直流配电网接地方式对故障特性的影响分析[J]. 电网技术，2017，41（07）：2353-2364.

[26] 戴志辉，朱惠君，苏怀波，等. 考虑交直流侧协调的模块化多电平换流站直流线路保护方案[J]. 电力自动化设备，2019，39（09）：109-115.

[27] ZHU R，JIA K，BI T S，et al. Active control-based protection for a flexible DC system of a PV power plant[J]. International Journal of Electrical Power & Energy Systems，2020，114（1）：105413. 1-105413. 10.

[28] 付超，武承杰，孙玉巍，等. 混合模块化直流固态变压器 I：工作原理及稳态特性分析[J]. 电工技术学报，2019，34（S1）：141-153.

[29] 付超，高振，孙玉巍，武承杰. 混合模块化直流固态变压器Ⅱ：动态特性及快速响应控制[J]. 电工技术学报，2019，34（14）：2980-2989.

[30] JIA K, ZHU R, TIANSHU B I, et al. Sixth Harmonic-based Distance Protection for VSC-DC Distribution Lines[C]//2018 IEEE Power & Energy Society General Meeting（PESGM）. Portland：[s.n.]，2018：112-117.

[31] 丁明，王伟胜，王秀丽，等. 大规模光伏发电对电力系统影响综述[J]. 中国电机工程学报，2014，34（1）：1-14.

[32] 张曦，康重庆，张宁，等. 太阳能光伏发电的中长期随机特性分析[J]. 电力系统自动化，2014，38（6）：6-13.

[33] 钟筱怡. 大型并网光伏发电站接入电网技术关键及应用研究[D]. 上海：上海交通大学，2010.

[34] 夏道止. 电力系统分析（下册）[M]. 北京：中国电力出版社，1995.

[35] MAHMOUD Y, XIAO W, ZEINELDIN H H. A simple approach to modeling and simulation of photovoltaic modules[J]. IEEE Transactions on Sustainable Energy，2012，3（1）：185-186.

[36] XIAO W, EDWIN F F, SPAGNUOLO G, et al. Efficient approaches for modeling and simulating photovoltaic power systems[J]. IEEE Journal of Photovoltaics，2013，3（1）：500-508.

[37] FILHO P S N, OLIVEIRA L R D, BARROS T A D S, et al. Modeling and digital control of a high-power fullbridge isolated DC-DC buck converter designed for a two-stage grid-tie PV inverter[C]//Energy Conversion Congress and Exposition（ECCE），Pittsburgh：[s.n.]，2014：1874-1879.

[38] VILLALVA M G, SIQUEIRA T G D, RUPPERT E. Voltage regulation of photovoltaic arrays：small-signal analysis and control design[J]. IET Power Electronics，2010，3（6）：869-880.

[39] STRINGFELLOW J D, SUMMERS T J, BETZ R E. Control of the modular multilevel converter as a photovoltaic interface under unbalanced irradiance conditions with MPPT of each PV array[C]//Power Electronics Conference，Auckland：[s.n.]，2017：1-6.

[40] KRATA J, SAHA T K, RUIFENG Y. Large scale photovoltaic system and its impact on distribution network in transient cloud conditions[C] // Power & Energy Society General Meeting，Denver：[s.n.]，2015：1-5.

[41] PAASCH K M，NYMAND M，KJ S B，et al. Simulation of the impact of moving clouds on large scale PV plants[C]. 2014 IEEE 40th Photovoltaic Specialist Conference (PVSC)，Denver：[s.n.]，2014：0791-0796.

[42] MOLINA M G，ESPEJO E J. Modeling and simulation of grid-connected photovoltaic energy conversion systems[J]. International Journal of Hydrogen Energy，2014，39（16）：8702-8707.

[43] YAZDANI A，FAZIO A R D，GHODDAMI H，et al. Modeling guidelines and a benchmark for power system simulation studies of three-phase single-stage photovoltaic systems[J]. IEEE Transactions on Power Delivery，2011，26（2）：1247-1264.

[44] JUNG J H. Power hardware-in-the-loop simulation（PHILS）of photovoltaic power generation using realtime simulation techniques and power interfaces[J]. Journal of Power Sources，2015，285：137-145.

[45] KHAZAEI J，MIAO Z，PIYASINGHE L，et al. Real-time digital simulation-based modeling of a single-phase single-stage PV system[J]. Electric Power Systems Research，2015，123：85-91.

[46] NZIMAKO O，WIERCKX R. Modeling and simulation of a grid-integrated photovoltaic system using a realtime digital simulator[C]//Power Systems Conference（PSC），Bhubaneswar：[s.n.]，2015：1-8.

[47] NZIMAKO O，WIERCKX R. Stability and accuracy evaluation of a power hardware in the loop（PHIL）interface with a photovoltaic micro-inverter[C]//Industrial Electronics Society，IECON 2015-41st Annual Conference of the IEEE，Yokohama：[s.n.]，2015：005285-005291.

[48] 于力，许爱东，郭晓斌，等. 基于 RTDS 的有源配电网暂态实时仿真与分析[J]. 电力系统及其自动化学报，2015，27（4）：18-25.

[49] 李冬辉，王鹤雄，朱晓丹，等. 光伏并网发电系统几个关键问题的研究[J]. 电力系统保护与控制，2010，38（21）：208-214.

[50] 焦阳，宋强，刘文华. 光伏电池实用仿真模型及光伏发电系统仿真[J]. 电网技术，2010，34（11）：198-202.

[51] 刘东冉，陈树勇，马敏，等. 光伏发电系统模型综述[J]. 电网技术，2011，35（8）：47-52.

[52] 雷一，赵争鸣. 大容量光伏发电关键技术与并网影响综述[J]. 电力电子，2010（3）：16-23.

[53] 赵平，严玉廷. 并网光伏发电系统对电网影响的研究[J]. 电气技术，2009（3）：41-44.

[54] 帅定新，谢运祥，王晓刚，等. Boost 变换器非线性电流控制方法[J]. 中国电机工程学报，2009，29（15）：15-21.

[55] 罗全明，邹玢鑫，周雒维，等. 一种多路输入高升压 Boost 变换器[J]. 中国电机工程学报，2012，32（3）：9-14.

[56] 张勋，王广柱，商秀娟，等. 双向全桥 DC-DC 变换器回流功率优化的双重移相控制[J]. 中国电机工程学报，2016，36（4）：1090-1097.

[57] 管敏渊，徐政. MMC 型 VSC-HVDC 系统电容电压的优化平衡控制[J]. 中国电机工程学报，2011，31（12）：9-14.

[58] 王姗姗，周孝信，汤广福，等. 模块化多电平电压源换流器的数学模型[J]. 中国电机工程学报，2011，31（24）：1-8.

[59] 姚致清，于飞，赵倩，等. 基于模块化多电平换流器的大型光伏并网系统仿真研究[J]. 中国电机工程学报，2013，33（36）：27-33.

[60] 公铮，伍小杰，戴鹏. 模块化多电平换流器的快速电压模型预测控制策略[J]. 电力系统自动化，2017，41（1）：122-127.

[61] 陈磊，闵勇，叶骏，等. 数字物理混合仿真系统的建模及理论分析（一）系统结构与模型[J]. 电力系统自动化，2009，33（23）：9-13.

[62] 陈侃，冯琳，贾林壮，等. 基于 RTDS 的光伏并网数字物理混合实时仿真平台设计[J]. 电力系统保护与控制，2014（3）：42-48.

[63] 郑鹤玲，葛宝明，毕大强. 基于 RT-LAB 的光伏发电系统实时仿真[J]. 电工电能新技术，2010，29（4）：62-66.

[64] 周林，贾芳成，郭珂，等. 采用 RT-LAB 的光伏发电仿真系统试验分析[J]. 高电压技术，2010，36（11）：2814-2820.

[65] 王祥旭，郭春林，肖湘宁，等. 基于 RTDS 的 ±800 kV 特高压直流输电系统的建模与仿真[J]. 华东电力，2011，39（3）：335-339.

[66] 贾旭东，李庚银，赵成勇，等. 电力系统仿真可信度评估方法的研究[J]. 中国电机工程学报，2010，30（19）：51-57.

[67] 刘一欣，郭力，李霞林，等. 基于实时数字仿真的微电网数模混合仿真实验平台[J]. 电工技术学报，2014，29（2）：82-92.

[68] 王成山，丁承第，李鹏，等. 基于 FPGA 的光伏发电系统暂态实时仿真[J]. 电力系统自动化，2015，39（12）：13-20.